U0157648

"十二五"普通高等教育本科国家级规划教材

城市

环境设计概论

齐伟民　王晓辉　编著

中国建筑工业出版社

前言

自 1991 年本科毕业以来，近三十年来一直从事环境设计专业的教学、学术研究以及与之相关的工程设计，尽管由于行政事务、行业社团和政协党派工作千头万绪，但出于对专业的热爱始终坚守在教学一线，尤其是 2000 年开始担任"环境艺术设计概论"这门专业理论课的教学工作后，逐步把课程建设和专业建设结合起来，并通过多年教学积累的教案整理汇编这本教材。教材出版后 2011 年获得省部级高等学校优秀教材一等奖，又于 2012 年入选教育部（第一批）"十二五"普通高等教育本科国家级规划教材，教材的发行和影响也迅速得到了提升。就是在几天前的 2019 年最后一天，我校环境设计专业获批教育部"双万计划"首批国家级一流本科专业建设点，跻身全国环境设计专业前列，成为全国 14 个获批的专业之一。作为专业负责人，我感到欣慰和鼓舞，国家级一流本科专业的国家级规划教材，在国家级出版社出版，相映成辉，相得益彰。与此同时作为课程负责人我所带的"环境设计概论"课程获得省级高校一流课程即"金课"的建设项目。上述专业的发展和课程的荣誉，从另外一个角度再次对这本教材给予了充分的肯定。

教材出版近二十年来，多次修订重印，从开始九个章节到目前十二个章节的增补，从最初印数几千册到数万册的跃进，从环境"艺术"概论到环境"设计"概论的转型，从省级出版社到国家级出版社的跨越。作者也是从讲师到教授直至二级教授的晋级，教材伴随着作者同专业和课程一起成长发展，并不断积极进取、与时俱进，见证了环境设计专业的快速发展和行业的繁荣兴旺。

教材本次再版仍然保留了"城市"的视角和特色，并把名称由"城市环境艺术概论"改为"城市环境设计概论"，"艺术"和"设计"虽两个字之差，意义却非比寻常，使其回归了设计本身，紧随国家专业目录调整并保持一致。教材内容方面增加了三部分：一是第三章"环境设计的基本理论与设计原则"中增加了一节"环境设计的思考与设计方法"，着重介绍设计构思和设计过程；二是增加了第十章"城市环境设计材料及应用"，因为材料是设计的前提和物质基础，从而使知识体系更为务实；三是增加了第十二章"城市历史建筑环境保护与更新"，积极响应当前旧城改造与建筑环境更新的现实要求，也使教材的实效性得到加强。所有这些增补的目的是把环境设计概论以一个相对完整的知识和理论体系提供给读者。同时，在面对市场上各种类似教材时，也希望这本教材至少给读者、特别给高校专业教师和学生提供一种参考选择，也相信本教材可为环境设计专业的教师和学生以及业内从事设计的设计师们提供一些有益的帮助。另外，本教材虽为概论，但内容还是比较完善深入的，既可以泛读也可以扩展精读。当然，更希望读者以包容之心看待教材中难免存在的一些疏漏和问题，并期待得到指正，以便再版时及时订正。

由于教材是由多年教学过程中不断积累完善的教案汇集而成，先后参阅大量相关专业图书和网络资料，这些我们已尽可能地在"主要参考书目及图片来源"中列出。在这里向本教材所列出参考文献和引用图片的作者以及没有列出的作者同样表示最诚挚的感谢。

最后，由衷地感谢促成本教材再版的中国建筑工业出版社教育教材分社社长高延伟先生，以及编辑团队，是他们大力支持和卓有成效的工作使本教材的出版成为现实。与此同时，还要感谢为这本教材在过去历次编辑校对、排版修改、出版印刷和发行销售等各环节给予帮助的朋友，因为你们的努力，教材的出版才成为可能；更要感谢曾经使用教材的读者和即将使用的读者们，正是因为你们才让这本教材有了存在的意义和价值。

编者

目 录

第1章　环境设计综述 ··· 001

　1.1　环境设计的概念 ··· 002

　1.2　环境设计的主旨 ··· 005

　1.3　环境设计的内容 ··· 007

　1.4　环境设计的含义 ··· 010

　1.5　环境设计的表现特征 ··· 015

第2章　环境设计的发展历程 ······································· 021

　2.1　上古时期的环境设计 ··· 022

　2.2　中古时期的环境设计 ··· 035

　2.3　近世环境设计 ··· 048

　2.4　近代环境设计 ··· 065

　2.5　现代环境设计 ··· 069

第3章　环境设计的基本理论与设计原则 ······················· 083

　3.1　环境设计的基础理论 ··· 084

　3.2　环境空间形态设计基础 ··· 094

　3.3　环境设计的形式法则 ··· 104

　3.4　环境设计的思考与设计方法 ··································· 106

　3.5　环境设计的理念 ··· 114

第4章　城市步行空间环境设计 ·················· 131

4.1　步行环境的概念 ·················· 132

4.2　步行环境的意义 ·················· 133

4.3　步行空间环境的类型 ·················· 134

4.4　城市步行空间环境设计策略 ·················· 142

第5章　城市街道空间环境设计 ·················· 145

5.1　城市街道的价值 ·················· 146

5.2　城市街道景观的构成 ·················· 147

5.3　商业街的规划布局与设计 ·················· 158

5.4　街道空间的界面设计 ·················· 162

第6章　城市广场空间环境设计 ·················· 173

6.1　城市广场的作用 ·················· 174

6.2　城市广场的空间组合 ·················· 175

6.3　城市广场的类型 ·················· 176

6.4　广场的设计原则 ·················· 183

第7章　城市庭园空间环境设计 ·················· 187

7.1　城市庭园的作用 ·················· 188

7.2 城市庭园环境设计原则 ·· 190

7.3 城市庭园环境的类型 ·· 195

7.4 城市居住区庭园环境设计 ·· 198

第 8 章　城市环境设施设计 ·· 205

8.1 环境设施设计的概念 ·· 206

8.2 环境设施设计的意义 ·· 207

8.3 环境设施设计的类型 ·· 208

8.4 环境设施设计的内容 ·· 213

第 9 章　城市建筑室内环境设计 ······································ 231

9.1 室内环境设计的概念 ·· 232

9.2 室内环境设计的内容特质 ·· 233

9.3 室内环境设计的表现要素 ·· 235

9.4 室内环境设计的原则 ·· 241

第 10 章　城市环境设计材料及应用 ···································· 249

10.1 材料的地位与作用 ··· 250

10.2 材料的分类与性质 ··· 251

10.3 材料的选择与应用 ··· 268

第 11 章　城市环境公共艺术创作 ·········· 275

11.1　公共艺术的概念 ·········· 276

11.2　公共艺术的内容与特征 ·········· 277

11.3　公共艺术的社会作用 ·········· 281

11.4　公共艺术的意义表达 ·········· 282

11.5　公共艺术的创作手法 ·········· 289

第 12 章　城市历史建筑环境保护与更新 ·········· 295

12.1　保护与更新的意义 ·········· 296

12.2　保护与更新的原则 ·········· 298

12.3　保护措施与更新方法 ·········· 305

主要参考书目及图片来源 ·········· 325

第 1 章

环境设计综述

1.1 环境设计的概念

环境设计作为现代设计学科中的一个专业，是通过设计的方式对城市环境空间及建筑室内空间环境进行规划、设计的一门创造人类生活环境的艺术与科学。

1.1.1 环境释义

从"环境"这个概念的词源来看。"环境"一词在我国很早就有，有"环绕全境"和"被围绕、包围的境域"的意思，后来又有"个体的整个外界"的解释。进入 20 世纪以来，随着人类文明的推进，环境逐渐被各个领域所重视而成为各学科的研究对象。而不同的学科对环境有不同的认识，当然就有各自的定义。在生物学中是指围绕和影响生物体周边的一切外在状态；生态学认为是对于环境有机体生存所必需的各种外部条件的总和；地理学范畴是指构成地域要素的自然环境的总体；而物理学则理解为物质在运动时所通过的物质空间。现代《辞海》中的两种解释是"周围的境况"和"环绕所辖的区域"，而建筑师富勒（Fuller）基于人的主体性来看是这样认为的："All that except me"（"我以外所有的东西"），即服装、家具、家庭、近邻、城市乃至地球等都称为"环境"。

环境一般包括物质环境和非物质环境。物质环境包括自然环境与人工环境。非物质环境包括政治、宗教、经济、文化、艺术和社会等环境。然而，我们更关注的是从设计的角度理解环境，那么依据设计的本质，也就是从人与物的关系来看，环境的概念应该是指人们在现实生活中所处的各种空间场所，也就是说由若干自然因素和人工因素组成的，并与生活在其中的人相互作用的物质空间，是以人为核心的人类生存的环境。在这个概念下，环境涵盖的范围也是比较宽泛的，从广义来看应该包括以山川、河流等地理地貌为特征的自然环境，也包括依靠人的力量在原生自然界中建成的物质实体的人工环境。（图 1–1 ~ 图 1–6）

图 1-1

图 1-2

图 1-3

图 1-4

图 1-5

图 1-6

1.1.2 环境设计的定义

在我国，"环境设计"这个专业称谓来自于"环境艺术设计"，"环境艺术设计"一词是 20 世纪 80 年代末期出现的，通常的定义"对环境进行艺术设计"只是狭义的指称。虽然贯以"艺术"二字，但仍然是以设计的角度来命名的，因为它不仅不同于绘画艺术、书法艺术、雕塑艺术等纯欣赏意义上的艺术，而且也不等同于环境的点缀和美化，它是与人的生活息息相关的，通过环境的构成来满足人们功能（生理）需求和精神（心理）需求而创造的一种空间艺术。因此，近年来随着学科专业目录的调整，为了区别纯艺术专业，避免产生歧义，准确界定专业内涵而去掉了"艺术"二字。为此，环境设计的概念便可以确立：是以原在的自然环境为立足点，以各种艺术手段和技术手段，充分满足人的需求，并协调自然、社会和人之间的关系，为人提供一个至高无上的生存生活的时空环境。环境设计的系统中，从一把椅子，到一座城市所包含的家具、陈设、室内空间、室外景观、广场街道、风景园林等，都是整个环境设计的有机组成部分。至此，作为一个学科或专业的"环境设计"其概念应这样阐述：是许多学科的交汇，包括建筑学、城乡规划学、风景园林学、室内设计学、人体工程学、行为科学、环境心理学、设计美学以及经济学、历史学、社会学、考古学等，是交叉性、边缘性的学科，是关于自然环境、人工环境与人的生活整合的系统学科，集成性和跨学科是其本质特征。因此，环境设计是一门创造人类生活环境的综合的艺术和科学。（图 1-7 ~ 图 1-10）

图 1-7

图 1-8　　　　　　　　　　　　　　　　　　　图 1-9

图 1-10

1.2　环境设计的主旨

　　环境设计是为人创造生存和生活空间的活动，是有意识、有目的行为。自从人类诞生以来，人们就不断地改造、协调自然来处理人与自然的关系，完善提高自身的生存环境，这充分体现出人自身的能动性。其主旨就是以人这个主体为核心，创造一个能够符合人们生活的，具有一定便利性、舒适性和安全性（满足功能需求），而且能带给人以愉悦的心理感受和激发健康灵性（满足精神需求）的空间环境，同时也能够沟通人与社会、自然和谐的欢愉的情感，建立起一个美好的人类生存家园。因此，满足人的需求已成为环境设计的目的和归宿。从哲学意义上讲，人有自然属性和社会属性。人的自然属性决定了有衣食住行等物质功能需求，人的社会属性决定了有审美、文化、自尊和自我实现等精神心理需求。

1.2.1 功能性需求

环境设计首先是解决基本的功能需求，是以目的机能和效用价值为前提的。环境的设计应尽可能适应人的生活活动规律，充分提高活动效率，满足基本的生活需要，如住宅家居中的客厅、卧室、厨房、卫生间的空间划分；各种家具、橱柜、陈设的比例尺度；灯光、空调、通风的布置处理等都应首先满足日常起居的要求。又如室外步行环境中，硬质景观、铺地、街灯、休息椅、垃圾箱等设施；各种安全系列设备、无障碍的盲道、坡道等都应首先满足步行环境的活动特点和人的空间的行为要求。功能的需求实际上就是合目的性原则，因为设计的目的就是设计的母题，这一点毫无疑问，早在公元前 5 世纪苏格拉底就曾留下这样一句名言："任何一件东西或事物如果它能够很好地实现它在功用方面的目的，它就同时是善的和美的。"可见功能需求在环境设计中是第一位的，是需要重点解决的问题和矛盾。

1.2.2 精神性需求

事实上环境设计不仅要解决物与物即环境的本身问题，也要解决人与物即人与环境关系的问题，因而也必须考虑功能以外的需求，那就是心理和精神的需求。人们都有追求高质量的生活要求，自然就希望生存栖身的环境有较高的审美特征和艺术品位，从而获得美感享受，这就是审美需求，试想一间居室或一条街道，空间组织简单无序、界面处理平淡乏味，材质配置单调呆板，色彩组合灰暗沉闷，如此等等不可能让人产生愉悦的心情。美国当代建筑美学家哈姆林说："纯物质的功能主义决不能创造出完全令人满意的建筑物来"，当然美的形式必须同功能有机的结合，同时依据对比与统一、重复与韵律、比例与尺度等美学法则构建富有创意的美学空间环境。

1.2.3 文化性需求

环境设计不是带有一定功能价值的单纯的艺术品，也不是仅仅追求表面的形式美感，而是越来越需要兼容文化意义的表现和意境的创造，是一个具有文化属性的空间环境序列整体，是文化意识的物化形态和载体，它是通过空间和形态传达和表述特定的文化。环境设计如果单纯地追求表面上的形式美感，而没有风格倾向，缺乏地域特色，割断历史文脉，不考虑时代精神就是严重的文化缺失，因为文化背景、人文积淀是一切艺术与设计的深层原动力。

1.2.4　人性化需求

人的心理需求还远不只如此，正如美国心理学家马斯洛从人本主义立场出发提出的
"需求理论"，认为人的需求从低级发展到高级依次是生理需要、安全需要、归属和爱的
需要、尊重的需要、自我实现的需要。假如做一个家居室内环境设计，设计师没有细致
地了解主人的个性习惯，没有完全从他们的需要出发，作品无论多么完美，从某种意义
上来说都是失败的，因为每个人由于民族、地域、文化背景、生活阅历、职业习惯等因
素的不同，他们的价值观和审美观也有很大差异，所以设计师只有悉心倾听业主的需求，
才能让业主在精神上找到一种归属感，才能让主人感受到一种被理解和被尊重，以及自
我实现需要的满足。

如前所述，环境设计的意义就是以实现人类的生活行为和思想心理全面的认识和尊
重，创造一个具有较高品质的生活空间。（图 1-11、图 1-12）

1.3　环境设计的内容

环境的内容可分为自然环境和人工环境，自然环境经设计改造而成为人工环境。作为
人工环境的设计的基本内容，空间的存在形式可分为建筑内部环境和建筑外部环境。然而，
环境设计是人类生存环境中从宏观到微观的一个系统工程，设计的对象涉及自然生态环境
与人文社会环境的各个领域，是一个综合各相关学科门类的完整体系，包含的学科很广泛，
主要有建筑学、城市设计、景观建筑学、城市规划、环境心理学、设计美学、人类工程学、
社会学、文化学、行为科学、历史学、考古学等方面。因此，环境设计涵盖范围非常广泛，
它是许多学科的交汇，是一门既边缘又综合的学科。从环境设计构成要素来看，环境主要
有以下基本内容。

图 1-11

图 1-12

1.3.1　城市规划要素

城市是由人工环境构成的，是人类生存的大环境，城市中建筑是主体，由此形成了建筑、街道、城镇乃至城市。城市规划的内容一般包括：研究和计划城市发展的性质、人口规模和用地范围、拟定建设的规模、标准和用地要求，制定城市各组成部分的用地规划和布局，以及城市的形态和风貌等。城市规划必须依照国家的建设方针、经济计划、城市原有的自然条件和基础，以及经济的可能条件，进行合理的规划和设计。（图 1–13）

1.3.2　建筑设计要素

建筑作为城市空间的主体和人工环境中的基本要素，在环境艺术这个大概念下占有相当大的比重，建筑设计是指对建筑物的空间布局、外观造型、功能以及结构等方面进行的设计。建筑同绘画、雕塑、工艺美术一样，历来被当作造型艺术的一个分类。事实上，建筑又同其他设计学科一样，并非单纯的艺术创作或技术工程，而是两者交融的结合，也是多学科综合交叉的设计。建筑设计不仅要满足人们的物质需要（功能需要），也要满足人们的精神需要（心理需要）。建筑设计作为环境设计的要素之一，其空间形象、建筑装饰艺术造型风格对城市环境和面貌影响较大。（图 1–14、图 1–15）

图 1–13

图 1-14　　　　　　　　　　　　　　　　图 1-15

1.3.3　室内设计要素

　　室内设计就是对建筑内部空间进行的环境设计,不仅是建筑设计的继续和深化,也是建筑空间设计的核心。其设计主要依据建筑物的性质、所处环境和相应的标准,运用物质技术手段和美学原则,创造能够充分满足人们物质和精神双重需求的内部空间环境。室内设计具体内容包括:室内空间设计、室内装修设计、室内陈设设计和室内物理环境设计四个方面。(图 1-16)

1.3.4　景观设计要素

　　景观设计就是对建筑的外部空间进行的设计,外部空间泛指由实体构件围合的室内空间之外的一切活动场所,如绿地、街道、庭院、广场、风景区等可供人们日常休闲活动的空间。从环境构成的角度来看,人既要有舒适的室内环境进行工作和学习,又要有良好的室外环境扩展活动空间和自然结合,为此,作为室外环境的景观设计是人与自然和社会直接接触并相互作用的活动天地,虽然也是人为限定的,但在界域上是连续绵延连贯的不定性空间,比室内空间更具有广延性和无限性的特点。景观设计也是一门多学科的、综合的、涵盖面非常广的边缘学科,直接涉及城乡规划学、建筑学、风景园林等各个领域。(图 1-17)

图 1-16   图 1-17

1.3.5 公共艺术设计要素

公共艺术设计是指在开放性的公共空间中进行的艺术创作，它不同于作为整体外部空间设计的景观设计，而是相对独立的艺术设计创作，如雕塑、壁画、主题艺术和装置艺术等作品，它不仅能美化城市环境，还体现着城市的精神文化面貌。公共艺术的开放性在于它所处空间的开放性，公共艺术是多样介质构成的艺术性景观、设施及其他公开展示的艺术形式，它有别于一般私人领域的、非公开性质的、少数人或个别团体的非公益性质的艺术形态。公共艺术中的"公共"所针对的是生活中人和人赖以生存的大环境，包括自然生态环境和人文社会环境。公共艺术是现代城市文化和城市生活形态的产物，也是城市文化和城市生活理想与激情的一种集中反映。

以上诸要素是环境设计内容的组成部分。然而环境设计从狭义上讲，其内容仍然可以理解为由建筑的内外空间环境来界定的，即室内环境和室外环境，它们是整个环境系统中的两个分支，它们是彼此相互依托、相辅相成的互补性空间。

1.4 环境设计的含义

对于环境设计的含义，可以从以下两个方面来理解：一方面是环境设计存在的整体有机性，另一方面是环境设计传播与认知的内在体验性。

1.4.1 整体有机性

环境设计作为一个系统，是一个综合多元的复杂构成，是由许多相互关联相互作用的要素所组成，是一个具有一定结构和功能的有机整体。这里的整体是哲学意义上的整体，有机是内在的。正如，现代主义建筑大师赖特"有机建筑"的解释，是"一种由内而外的建筑：它的目标是整体性，有机表示内在的，在这里总体属于局部，局部属于整体"。

　　环境设计总体来说是由物质形态要素、意识形态要素以及技术形态要素、艺术形态要素构成。物质形态包括家具、陈设、公共设施、景观、雕塑等人工要素，以及植物、阳光、空气、水等自然要素；意识形态包括文化传统、经济形式、社会结构和时代精神等要素。此外还有作为物质生产手段的技术形态要素，和作为精神生产手段的艺术形态要素。这些都是环境设计构成的要素，不同形态的各要素，在语义功能上都有一定的含义和独立的价值。这众多的要素联结、组合，形成一个庞杂而稳定的体系，这就是环境设计的整体合一性。这里的整体不仅是指各形态要素内部之间的整体合一性（如物质形态中家具与陈设的关系，意识形态中文化传统与时代精神的关系，技术形态中材料与结构的关系，艺术形态中对比与统一的关系）；还包括不同形态要素之间交叉的整体合一性（如艺术与技术的关系，艺术与物质的关系，艺术与意识的关系等）。而且这些要素不论是显性还是隐性都不是简单搭配、浅层渗透、机械的叠加组合，而是被有机地组织起来，通过编辑、调控使各要素相互协调，相互依存，彼此补充，成为一个密切关联的整体。然而，环境设计又是一个比较复杂的系统，诸要素在系统中并非都处于相同的地位和起到相同的作用，某些要素能支配和影响其他要素而成为决定性的要素，而且各要素之间互相制约、互相矛盾，因此就更要有一个系统的原则和整体的观念来平衡协调。

1.4.2　内在体验性

　　从人对环境认知的角度来探讨环境设计的含义。法国美学家迈耶在他的《视觉美学》中写道："艺术作品不是独白，而是对话。"那么，作为多维时空的环境设计就更不能是设计师的个人独白了，而是需要使用者和公众来体验，只有体验才能感受到空间和艺术的魅力，也只有通过体验，才能使作为主体的人与作为客体的物质环境互动而产生意义。环境设计同其他艺术一样，不是简单的观察，而是通过感知、理解、想象、情感与所呈现的环境融为一体。如当人置身于"虽由人作，宛自天开"的我国江南园林中，面对宛然如画的景致，触景生情，人们不自觉地将回忆、想象、温爱统统融入这咫尺山林的意象之中，进而使人的灵性与环境同构产生审美体验。

　　人体验环境设计的过程实质上就是感知和接受信息的过程。感知是人和环境联系最基本的方式。人对环境认识的结合点就是知觉。知觉主要是视觉、听觉，其次是嗅觉、触觉、热觉。如当人置身于风景园林中，除了可以看见优美的景致，可以听到潺潺的流水声、风声、雨声，可以闻到花香，还可以通过触觉——用手摸一摸和用脚踩一踩，进而产生综合的美感体验。由于接受的外界信息中绝大部分是经过视觉获得，因此感知一个物体及空间的存在，视觉对信息的接受是大部分的。但是视觉也是有局限的，因此体验一个完整的空间环境还需借助于人的运动，从而产生不同的空间体验，因为人只有在行进中不断变换视点和角度，才能得到连续、完整的空间体验。

然而，知觉只是一个无意识的被动地机械记录过程，最后把通过知觉输送来的资料进行解释、分类并依据联想赋予涵义，这就进入认知阶段。认知可分为形式、意象和意义三个层面。形式层面是指人通过直觉感知到环境所具有的外显形态，包括形状、色彩、肌理、尺度、位置及表情等，它可以直接对人产生刺激形成反应，成为对深层认知的一个先导；意象层面是形式层面所包容和涵纳的深层形态，是通过具有典型特征的符号语义表现出来的内涵，并通过理性的辨认引起的知觉反应；意义层面是指隐藏在形象结构中的内在文化涵义，是通过环境中象征性的人文要素向欣赏者和使用者施加影响和刺激，或者通过欣赏者和使用者依据自身的文化素养、审美意识及当时的心境来理解和体验的。由此，我们可以看出，人对环境设计的体验是从感官知觉开始，再通过理性认知的形式、意象和意义三个层面来完成的，最终产生身体、情绪与情感的时空体验。

总之，体验不仅是各种知觉的综合，而且是情感活动与物质空间环境的一种对话，体验是内在的，是一个起伏发展的动态过程。

综上，环境设计作为一种存在方式，是系统整体的空间，作为生活的栖息地，是内在体验的空间。（图1–18 ~ 图1–25）

图1–18

图1–19

图 1-20

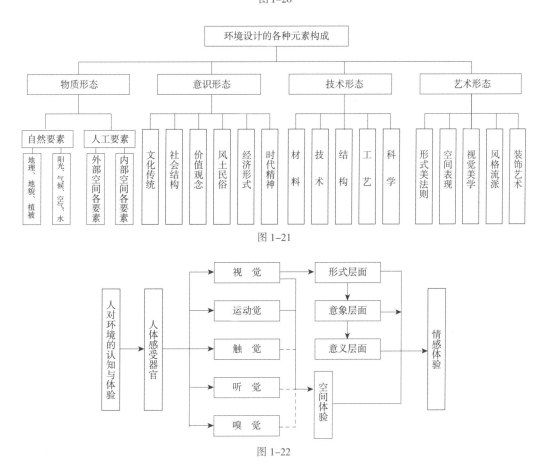

环境设计的各种元素构成

物质形态　　意识形态　　技术形态　　艺术形态

自然要素　人工要素

地理、地貌、植被

阳光、气候、空气、水

外部空间各要素

内部空间各要素

文化传统

社会结构

价值观念

风土民俗

经济形式

时代精神

材料

技术

结构

工艺

科学

形式美法则

空间表现

视觉美学

风格流派

装饰艺术

图 1-21

人对环境的认知与体验 → 人体感受器官

视觉 → 形式层面

运动觉

触觉

听觉

嗅觉

意象层面

意义层面

空间体验

情感体验

图 1-22

图 1-23

图 1-24

图 1-25

1.5　环境设计的表现特征

1.5.1　环境设计是艺术与技术的结合

　　设计活动作为社会的实践活动,往往是艺术与技术相结合的。技术属于物质生产领域,它的主要目的是通过对自然物的改造和利用,发挥其物质效用;而艺术属于精神生产领域,它的主要目的是通过物质媒介发挥对人的精神效用。同样,环境设计也是艺术与技术相结合的产物。它始终与使用联系在一起,并与工程技术密切相关,是功能、艺术与技术的统一体。因此,环境设计不是纯欣赏意义上的艺术,而是一门实用功能与审美功能结合统一的,在艺术和技术方面紧密相连的学科。

　　在一定意义上,也可以把它看做是广义建筑学的一部分,因为和建筑一样,具有大空间大体量的特征。作为建筑物,离不开建筑材料,其中既有传统技术制作的砖、瓦、水泥、陶瓷,也有铝合金、不锈钢、铜、铁等现代技术制作的金属材料,以及各类塑料、玻璃、织物及合成材料。环境设计中展现物质材料本身的特性,也就表现了一种物质技术美。在空间的建构,还要有相应的技术和材料,环境设计的设计与制作,必须和建筑材料、结构技术、装修构造技术以及建造技术结合起来,这是环境设计赖以实施的必要条件。离开了工程技术就没有完整的、真正的环境设计。(图 1-26、图 1-27)

1.5.2　环境设计是自然与人工的结合

　　自然环境是个极其复杂丰富的自然综合体,包括山川、河流等一切自然地理地貌特征。自然环境本身就具有独立的审美意义,“大漠孤烟直,长河落日圆”“明月松间照,清泉石上流”等描写都给人以丰富的美的享受。但是有创造力的人们又通过人工艺术创造出更为

图 1-26

图 1-27

丰富多样的欣赏对象。这个创造以自然环境的存在为前提，它或者只是对自然进行的加工提炼，或者是在自然的基础上又进行了人工的艺术创造，从而达到了自然美和人工艺术美的有机结合。

在环境设计中的人工环境作品不仅仅是建筑（房屋、广场、纪念碑、建筑小品），还有环境景观（道路铺装、绿地、园林、水体以及各种环境设施）。这些人工作品除了每个单体自身就具有艺术品的特征和单体与单体之间必须具有的和谐外，它们又都与所处的自然环境密切相关。

环境中的自然，常常不只是自然物的形、体和色，还包括自然物的声和味，都应该纳入环境设计的综合体中。它们与环境中的其他构成因素一道，通过统觉和通感效应，融听觉、嗅觉、触觉等人体其他感受器官而形成一种综合的知觉感受。环境设计中自然与人工结合的手法较多，有的重对自然的加工，所谓人工天成；有的重巧为因借，借自然之景，是对自然的取引；也有单纯的人工的创造。但无论如何侧重，都应体现自然与人工的充分结合。（图 1-28、图 1-29）

1.5.3　环境设计是物境与人文的结合

环境设计是对特定空间环境的设计创作，为此进行环境设计时还应该考虑到与所在地域的人文历史条件的结合，即把该地区的民族和乡土的文化因素、历史文脉、民情风俗、神话传说以至于人们的服饰仪容、精神风貌等都融合到环境总体中来，或者说把物质的环境融入人文的环境中。这样的结合从环境设计的开始就应密切予以关注，大至环境整体的

图 1-28

图 1-29

格调、旨趣，小至环境中的局部和片断，某一个别艺术品的内容与形式以至许多细节如家具、用具、灯具的选材和造型、人员的服装仪表……都应该与所处地区的人文环境和谐呼应，使这个设计的物化环境，仿佛本来就是原有的人文环境中不可或缺的一部分，使人为的创造更赋有了历史的延续性的品质。历史的延续性对于具体的环境设计工作来说实际是结合在一起的。例如塔作为中国古代环境设计的代表作品，地处北方的塔，雄健浑厚，而江南的塔，秀丽轻灵。它们都是特定的自然地理、历史人文的产物。中国传统空间的一个明显特征是对文学意境的追求与对空间艺术的雕琢融为一体。

　　中国人的艺术观念重物感，重人的内心世界对外界事物的感受。在传统建筑与环境设计构思立意上，往往根据绘画和文学的描写造景，借景物表现文学意境，或借书画匾额引导人们更深入地领会自然景色，即运用"诗情"和"画意"的设计方法，创造出充满诗情画意的环境空间，即同其他艺术形式一样着重点在"意境"方面，如建筑上从象征、模拟、比兴、提示四个方面来创造意境，使丰富的物境和人文高度统一。（图 1-30、图 1-31）

1.5.4　环境设计是空间与时间的结合

　　环境设计虽与一般狭义的"美术"所指称的独立存在的绘画和雕刻同属于空间的造型艺术，但与它们的欣赏方式又有区别，而却与音乐十分相似，也就是具有时间艺术的性质。人们通过视觉感知一个静止而连续的空间环境，并不是瞬间的事，而是同音乐艺术一样需要持续性时间。正是因为建筑同音乐一样具有旋律和节奏，德国哲学家谢林才认为"建筑是凝固的音乐"，但他仅仅是从建筑存在方式和外部特征来看。如果是从主体感知对象的

图 1-30

图 1-31

方式来看，也可以说"建筑是流动的视觉音乐"。这是因为建筑的灵魂是空间，而空间的感知需要持续的视觉体验，这种视觉所接受的空间信息的形式与音乐的行进相似，是一种展示过程，是在时间中依次展开的。在时间的进程中凝固的空间变成流动的空间，因此环境空间艺术同音乐一样，也是时间艺术，不同的是音乐的审美体验是对处于时间过程中声音的持续性体验，是随时间量的作用而依次感知。因此在环境空间序列中，人们在时间延续过程中，连续不断感知和体验着空间序列，于是就整条序列而言，就有了引导、铺垫、发展、高潮、收束和尾声的依次出现。

　　时间与空间是两个相对应的概念，但借助于以上分析，便可以发现两个特征是相互联系的。在三维空间中已经纳入时间的流程变成具有流动性质的四维时空。这是因为时间包含着它自己特有的与空间完全不同的一种维度——流逝与连续性，只有加上这一特征才可以真正描绘出空间的真实，空间也因时间而获得活力。综上，环境设计不是单纯的空间艺术，也不是单纯的时间艺术，它是空间与时间的结合。（图 1–32 ~ 图 1–37）

图 1–32

图 1–33

图 1-34

图 1-36

图 1-35

图 1-37

第 2 章

第 2 章

环境设计的
发展历程

2.1 上古时期的环境设计

2.1.1 史前到早期文明

人类的进化是从制造和使用工具开始的。当原始人类开始有目的、有意识地敲击经过选择的燧石，制作粗陋的石斧时，人类已经掌握了制造工具的基本技能。人类对环境的改造行为也正始于这种工具的制造过程。

远古时代人类生存的自然环境相当恶劣，严酷的气候、毒虫猛兽和人类的疾病瘟疫等都对人类的生存构成极大的威胁。在这样的条件下，人类自身的安全需求是首要的，因此原始人类就要为自己创造一种安全的生存环境，这种对生存环境的营造正是体现对安全的需求。一旦最基本的生存需求得到了满足，其他方面的各种需求也会不断产生。随着生存危机的缓解，人类自然渴望更舒适的生活环境，那么就需要更高的营造技能与更复杂的构造方式。达到自身情感甚至宗教等方面的要求，成为对环境的新追求。

简单地说，人工环境起源于远古时期人类最初所造出的房屋。当人们从岩洞或者树洞里走出来，或者从树上下来，摆脱了天然的穴居和野处，以最简单的方式造出了房屋以后，最基本的人工环境就诞生了。

马耳他岛上的庙宇建于公元前 3600 年至前 2500 年间，它们是至今获悉最早用石块建造的独立式的建筑物。雄伟壮观的马耳他神庙有的单独存在，有的构成神庙群，它们是史前欧洲极具神秘色彩的建筑之一。著名的吉冈提亚神庙位于马耳他戈佐岛中部，是公元前 24 世纪以前，新石器时代晚期的遗迹。（图 2-1）

与吉冈提亚神庙处于一个时期的塔尔克辛神庙，也是欧洲最大的石器时代遗址之一。（图 2-2）

新石器时代最重要的进展是建筑的出现。这是人类文明史上划时代的大事，建筑随永久性居留村落的出现而逐步发展起来。史前人类住宅自然大多简陋，但是新石器时代的欧洲先民却也留下了巨石圈那样的纪念性的巨石建筑。

图 2-1　　　　　　　　　　　　　　　　　　　图 2-2

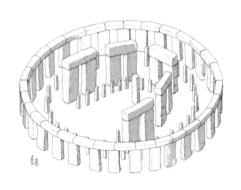

图 2-3

　　在英国伦敦西南 100 多千米的索尔兹伯里平原上，一些巍峨巨石呈环形屹立在绿色的旷野间，这就是英伦三岛最著名、最神秘的史前遗迹——斯通亨治（Stonehenge），即巨石圈。斯通亨治巨石圈最外层石圈是以 30 块等距离摆放的巨石围合而成的。石圈直径 30 米，竖立的巨石高约 4 米，肃穆宏伟，气势撼人，仿佛某种超自然的造物矗立在英格兰的荒原上。巨石圈在石材建筑物中是最早、最壮观的环境景观之一。（图 2-3）

2.1.2　古代埃及与古代西亚

（1）古代埃及

　　古代的尼罗河流域（The Nile Valley）是人类文明的重要发源地，古埃及在古王国时期著名的是皇陵建筑，即举世闻名的规模雄伟巨大、形式简单朴拙的金字塔。金字塔是古王国法老的陵墓。第一座石头的金字塔是萨卡拉的昭赛尔（Zoser）金字塔。（图 2-4）

图 2-4　　　　　　　　　　　　　　　　　　　　　　　　　图 2-5

　　埃及最著名的金字塔，是开罗西南吉萨（Giza）的三座第四王朝法老的金字塔，分别是库富（Khufu）、哈弗拉（Khafra）、门卡乌拉（Menkaura）三位法老的陵墓。三座金字塔在蓝天白云和一望无际的大漠之间展开，气势恢宏。它们是正方位的，但互以对角线相接，造成建筑群参差的轮廓。三座金字塔都用土黄色石灰石建造，四面贴附着一层磨光的白色石灰岩，光滑如镜，反射着太阳的光芒。在哈弗拉金字塔祭庙门厅的旁边，雄踞一尊巨大的面向东方的狮身人面像，即"斯芬克司"。狮身人面像代表着狮子的力量和人类的智慧，象征着古代法老的智慧和权力。当古代世界七大奇迹中的其他六个都已经倾颓消泯，唯有古埃及的金字塔仍然在尼罗河畔屹立，为远古时代的辉煌留下了伟大的见证。金字塔是古代埃及人智慧的结晶，数千年来它历经着太阳的炙烤、暴烈的狂风和肆虐的雨砾，仍然稳固地伫立在尼罗河畔，接受着时间的洗礼，成为人类建筑艺术被不朽的丰碑。（图 2-5）

　　新王国是古埃及的全盛时期，为适应宗教统治，宗教以阿蒙神（Amon）为主神，即太阳神，法老被视为神的化身，因此神庙取代陵墓，成为这一时期突出的建筑。神庙一般在一条纵轴线上以高大的塔门、围柱式庭院、柱厅大殿、祭殿以及一连串的密室，组成一个连续而与外界隔绝的封闭性空间，没有统一的外观，除了正立面是举行宗教仪式的塔门，整个神庙的外形只是单调、沉重的石板墙，因此神庙建筑真正的艺术重点是在室内。（图 2-6）

　　（2）古代西亚

　　古代西亚也曾是人类文明的摇篮。西亚地区指伊朗高原以西，经两河流域而到达地中海东岸这一狭长地带，幼发拉底河（Euphrates）和底格里斯河（Tigris）之间称为美索不达米亚平原（Mesopotamia），最先在美索不达米亚这块土地上创造文明的并不是古巴比伦人，而是更早的苏美尔（Sumerians）民族，早在公元前五千纪～公元前四千纪就定居在两河下游。

　　美索不达米亚流域缺乏石料和木材，因而当地人主要使用太阳晒干的泥砖来建造房屋。在岁月消磨、洪水冲刷以及战争破坏下，其大多建筑都不存在或化为土丘。保存至今最古老和最完整的苏美尔建筑是乌尔纳姆统治时期建造的乌尔纳姆（Urnanlnm）神庙，约建于

图 2-6

公元前 2000 年左右，同其他苏美尔神庙一样建造在由泥砖层层叠起如同金字塔状的平台之上，因而有"塔庙"（Ziggurat）之称，被喻为神圣的山巅。（图 2-7）

　　两河上游的亚述（Assyia）人于公元前 1230 年统一了两河流域，又开始大造宫殿和庙宇，最著名的就是萨尔贡王宫（Palace of Sargon）。宫殿中的装饰非常令人惊叹，有四座方形塔楼夹着三个拱门，在拱门的洞口和塔楼转角的石板上雕刻着象征智慧和力量的人首翼牛像，正面为圆雕，可看到两条前腿和人头的正面；侧面为浮雕，可看到四条腿和人头侧面，一共五条腿。因此各个角度看上去都比较完整，并没有荒谬的感觉。宫殿室内装饰得富丽堂皇、豪华舒适，其中含铬黄色的釉面砖和壁画成为装饰的主要特征。

　　公元前 612 年，亚述帝国灭亡，取而代之建立起来的是新巴比伦（Neo-Babylon）王国，这一时期都城建设发展得惊人。巴比伦城再次焕发活力，成为当时世界上最繁荣的城市。最为杰出的是被称为世界七大奇迹之一的"空中花园"（Hanging Garden）。它可能就位于伊什塔门内西侧的宫殿区中。它是由尼布甲尼撒为其来自伊朗山区的王后所修筑的。据推测这是一座边长超过 130 米、高 23 米的大型台地园。空中花园并非悬在空中，而是建在数层平台上的层层叠叠的花园，每一台层的外部边缘都有石砌的、带有拱券的外廊，其内有房间、浴室等，台层上覆土，种植树木花草，台层之间有阶梯联系。（图 2-8）

图 2-7

图 2-8

图 2-9

图 2-10

2.1.3 古代印度与古代中国

（1）古代印度

古代印度早在公元前三千多年印度河和恒河流域就有了相当发达的文化，建立了人类历史上最早的城市。据印度远古文化遗址的发掘报告，公元前 2300 ~ 公元前 1800 年间的印度河流域上古文明时期，已经出现了火砖建筑，陶器、青铜器等实用工艺品也相继问世。自 20世纪 20 年代起经过长期考古发掘，最重要的古城遗址摩亨佐·达罗城（Mohenjo-daro）被发现。摩亨佐·达罗古城遗址所展现出来的有条不紊的城市规划布局能力以及建筑材料的模数化表明古代印度文明已经发展到了一个很高的阶段。（图 2-9）

孔雀王朝（The Maurya Dynasty）在公元前3 世纪中叶统一了印度，建筑在继承本土文化的基础上又融合了外来的一些元素，逐步形成佛教设计的高峰。这一时期最著名的建筑就是桑契（Sanchi）大窣堵波（Great Stupa）。窣堵波是印度佛教中专门用于埋葬佛骨的纪念性建筑，自孔雀王朝以来，它成为佛教礼拜的中心，阿育王曾在印度建立 84000 座窣堵波以纪念佛陀。桑契窣堵波就是在早期安度罗时代建立的最杰出的窣堵波之一，它是早期印度佛教艺术发展的顶点。

窣堵波的设计是象征性的，象征佛力无边又无迹无形，是佛陀形象的具体化体现。半球形的实体，象征天国的穹窿。顶部有一方形平台，平台围以一圈石栏杆，正中立一柱竿，代表着从底部宇宙的水中通向天空的世界中轴。柱竿上的三个华盖被称为佛邸，是天界的象征，解释为佛教的佛、法、僧三宝物，佛是宇宙万物的至尊统治者。（图 2-10）

（2）古代中国

中国的历史源流久远，在辽阔的疆土上居住的人民创造了光辉灿烂的文化，对人类的发展作出了重要贡献。同西方建筑、伊斯兰建筑被称为世界三大建筑体系的中国建筑，不同于其他建筑体系以砖石结构为主，而是以独特的木构架体系著称于世，同时也创造了与这种木构架结构相适应的外观形象与空间布局方式。

史前时期的人工环境主要是指上古至从夏、商、周、战国、秦统一中国至两汉时期，大约是在公元前21世纪到公元220年。远古的中国人"穴居而野处"，"上栋下宇"——用木头为自己构造一个可避风雨、避禽兽的人工环境。中国的古人已经基本掌握了人工构筑房屋的方法。

中国古代园林景观的出现可以上溯到商、周。最早见于文字记载的园林形式是"囿"，园林里面的主要建筑物是"台"。商代的君主都在"囿"内筑高台以观天敬神，名为"灵台"。灵台为筑土结构，体量之大是今人难以想象的。因此中国古典园林的雏形产生于约公元前11世纪商代的囿与台的结合。

园林景观来源于中国一个长生不老的传说。据说长生不老的灵药是由仙山上的奇花异草炼制而成的。因此，"海外仙山"的模式是这类人工环境的原型：通常在中央有一个水塘，象征着大海，在水塘中有三个小岛，象征了海外三座仙山，即蓬莱、方丈和瀛洲，这种布局成为中国园林最基本的模式。

直至春秋战国时期，贵族园林不仅众多且规模较大，比较著名的是楚国的章华台、吴国的姑苏台。如明代画家绘制的《虎丘前山图》轴就是表现春秋时期虎丘的园林景象。（图2-11）

早在公元前9世纪，西周王朝就在北方修筑城堡以抵御北方游牧民族的入侵。春秋战国之后，各路诸侯也纷纷在自己辖区边境筑墙自卫。公元前221年，秦始皇消灭六国诸侯完成了中国的统一。

图 2-11

图 2-12

为了维护国家的安全，抵御北方强大匈奴游牧民族的侵扰，把此前燕、赵、秦等国的长城连接起来，并进行大规模的扩建增修，经过十几年的努力，建起了东起辽东、西至临洮、绵延万里的长城，史称之秦长城。长城以城墙为主体，包括城障、关城、兵营、卫所、烽火台、道路、粮舍武库诸多军事和生活设施，是具有战斗、指挥、观察、通信、隐蔽等综合功能，并与大量长期驻屯军队相配合的军事防御体系。长城上最为集中的防御据点是关城。关城均建于有利于防守的重要位置，以获得凭极少的兵力抵御强大入侵者的效果。长城沿线的关城有大有小，著名的如"山海关""居庸关""平型关""雁门关""嘉峪关"以及汉代的"阳关""玉门关"等。公元前206年，汉高祖刘邦称帝建汉之后，对秦长城进行了修缮，同时又修筑了一些新的长城，到汉代，长城的总长度达万里以上。（图 2-12）

秦代与汉代，不仅在年代上前后相续，而且"汉承秦制"，在文化性格、思潮与时代意绪上，也是相近的。秦汉建筑及其室内以其浑朴之风独具一格，其中以宫殿建筑的成就最高。

秦汉建筑的巨大空间尺度的特点非常突出，它是处于上升历史阶段的封建统治力量与王权观念在建筑上的体现。而最为根本的原因在于文化观念上，建造巨大的建筑，其旨趣往往在于象征自然宇宙、天地的浩大无垠。

秦汉时期的园林景观也一直沿袭前代，秦始皇统一全国后，曾在渭水以南建上林苑，苑中建造很多离宫，还在咸阳"作长池，引渭水，……筑土为蓬莱山"，开始了筑土堆山。到汉武帝时，修复并扩建上林苑，面积延伸到渭水以南，南山以北都成为汉帝的苑囿，把长安城从西、南两面包围起来。武帝在长安城西兴建的建章宫是当时最大的宫殿，他信奉方土神仙，因此在宫内修建太液池，池中堆筑蓬莱、方丈诸山，来象征东海神山。这种摹仿自然山水的造园方法是中国古代园林的主要设计手法，而池中置岛也成了园林布局的基本方式。（图 2-13）

2.1.4 古代美洲

（1）玛雅

古代的玛雅文化，创造了可以与世界上同期其他文化相争辉的建筑艺术。玛雅文明是美洲古代印第安文明的杰出代表，以印第安玛雅人而得名。主要存在于墨西哥南部、危地

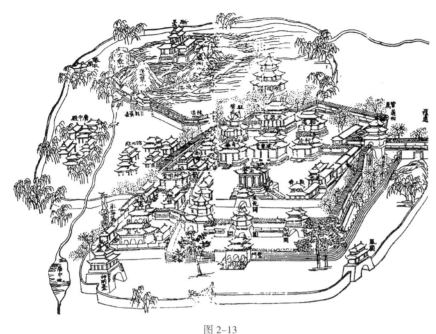

图 2–13

马拉、伯利兹以及洪都拉斯和萨尔瓦多西部地区，约形成于公元前 2500 年，15 世纪衰落，此后长期湮没在热带丛林中。

位于危地马拉北部丛林的蒂卡尔（Tikal）是玛雅的文化中心，如今仍有 3000 座以上的金字塔神庙、祭坛和石碑等遗迹分布其中，气象宏伟。（图 2–14）

（2）托尔特克

大约在 8 世纪，生活在墨西哥湾西部的一支托尔特克（Toltecs）部落被外敌驱赶渡海进入了尤卡坦半岛北部。他们很快接受了玛雅人的文化，重新使玛雅文明恢复活力，进入了玛雅的后古典时代。

位于墨西哥境内尤卡坦半岛北部梅里达城东 120 千米处的奇琴伊察（Chichen ltza）城是托尔特克—玛雅文明的重要遗物，现存数百座建筑物，素有"羽蛇城"之称。奇琴伊察古城最早建于 432 年，保存至今的建筑有金字塔神庙、千柱厅、球场、天文观象台等遗迹，其中最著名的建筑是建于 987 年的库库尔坎（Kukulkan）金字塔神庙和武士神庙。（图 2–15）

（3）阿兹台克

阿兹台克（Aztecs）文明主要指墨西哥首都墨西哥城周围的几个古代文明，其最早、最大的遗址是城东北 40 千米的特奥蒂瓦坎（Teotihuacan）。欧洲殖民者到来前，印第安人在这里建起了强大的阿兹台克帝国，首都是特诺奇蒂特兰（即现墨西哥城），他们创造的文明也称"阿兹台克文明"。

特奥蒂瓦坎在印第安语中的意思是"诸神之都"，这里兴建有大量宏伟的建筑，成为当时中美洲的第一大城。太阳金字塔和月亮金字塔是特奥蒂瓦坎古城的主要组成部分。太

图 2-14（左）
图 2-15（右）

图 2-16

阳金字塔是特奥蒂瓦坎古城最大的建筑，建于公元 2 世纪，是古印第安人祭祀太阳神的地方。这座接近四方锥体的五层建筑坐东朝西，逐层向上收缩，它建筑宏伟，正面有数百级台阶直达顶端。特奥蒂瓦坎有着规整和严谨的布局设计，俯瞰特奥蒂瓦坎的遗址，它的整个城市似乎是严格按照一个事先的计划方案统一设计建造的，显示出简明的几何性特征。一般而言，古代城市往往是自然扩展形成的，然而，特奥蒂瓦坎的建筑布局却显示出某种数学的精密，网格状布局构成了清晰的几何形图案。（图 2-16）

2.1.5　古希腊与古罗马

（1）爱琴时期

古代爱琴海地区以爱琴海（Aegean Sea）为中心，包括希腊半岛、爱琴海中各岛屿与小亚细亚西岸的地区。它先后出现了以克里特（Crete）、迈锡尼（Mycenae）为中心的古代爱琴文明，史称克里特—迈锡尼文化。

属于岛屿文化的克里特（约公元前 20 世纪上半叶）是指位于爱琴海南部的克里特岛，其文化主要体现在宫殿建筑，而不是神庙。宫殿建筑及内部设计风格古雅凝重，空间变化莫测，极富特色。最有代表性的克诺索斯王宫（Palace of Knossos），是一个庞大复杂的、依山而建的建筑，建筑中心是一个长 52 米、宽 27 米的长方形庭院。四周是各种不同大小的殿堂、房间、走廊及库房，而且房间之间互相开敞通透，室内外之间常常用几根柱子划分，这主要是克里特岛终年气候温和的原因。另外，内部结构极为奇特多变，正是因为它依山而建，造成王宫中地势高差很大，空间高低错落，走道及楼梯曲折回环，变化多端，曾被称为"迷宫"。（图 2-17）

（2）古代希腊

古代希腊（Helles）是指建立在巴尔干半岛及其邻近岛屿和小亚细亚西部沿岸地区诸国的总称。古代希腊是欧洲文化的摇篮，希腊人在各个领域都创造出令世人刮目的充满理性文化的光辉成就，建筑艺术也达到相当完善的程度。

古风时期（Archaic Period）的建筑还处在发展阶段，当时的社会认为建筑艺术不仅仅是内部空间，而且更重要的是表现在建筑的外部，因此他们的全部兴趣和追求都体现在建筑的外部形象。的确也由于这一时期在神庙建筑及其建筑装饰上所奠定坚实的基础，设计原则和规律对以后的建筑产生深远的影响。

图 2-17

典型的神庙是大理石建成的有台座的长方形建筑，其中短边是主要立面和出入口，上面有扁三角形的山墙。神庙的中间是供置神像的正殿，前后各有一过厅，殿堂的四周是一圈柱廊，是外观的重要部分，它的主要建筑装饰部位就是柱廊中的柱子和神庙前后上部的山墙及檐壁。这些构件基本上决定了神庙整个面貌。因此古希腊建筑艺术的发展，都集中在这些构件的形式、比例和相互组合上。

古典时期（Classical Period）是希腊建筑艺术的黄金时代。在这一时期，建筑类型逐渐丰富，风格更加成熟，室内空间也日益充实和完善。

帕提农（The Parthenon）神庙作为古典时期建筑艺术的标志性建筑，坐落在世人瞩目的雅典卫城的最高处。帕提农神庙是希腊建筑艺术的典范作品，无论外部与内部的设计都遵循理性及数学的原则，体现了希腊和谐、秩序的美学思想；形式和比例的精美传达出一种数的关系，即黄金分割律；神庙中的每一条垂直线都是弧形的，使人感到优美饱满而富有弹性；充分运用"视觉校正法"来避免因错觉而产生的不协调感。（图 2-18）

（3）古代罗马

正当古希腊文化开始衰落时，西方文化的另一处发生地——罗马（Rome），在亚平宁半岛崛起了。古代罗马包括亚平宁半岛、巴尔干半岛、小亚细亚及非洲北部等地中海沿岸大片地区。古罗马自公元前 500 年左右起，进行了长达二百余年的统一亚平宁半岛的战争，统一后改为共和制。此后，不断地向外扩张，到公元前 1 世纪建立了横跨欧、亚、非三洲的罗马帝国。古希腊的建筑被古罗马继承并把它向前大大推进，达到奴隶制时代的最高峰，其建筑类型多，形制发达，结构水平也很高，故建筑的形式和手法极其丰富，对以后的欧洲乃至世界的建筑产生深远的影响。

古罗马时期开始广泛应用券拱技术，并达到相当高的水平，形成了古罗马建筑的重要特征。这一时期重视广场、剧场、角斗场、高架输水道等大型公共建筑。

图 2-18

图 2-19

罗马帝国是世界古代史上最大的帝国，在公元前 1 世纪至 3 世纪初，兴建了许多规模宏大，而且具有鲜明时代特征的建筑，成为继古希腊之后的又一高峰。万神庙（The Pantheon）成为这一时期神庙建筑最杰出的代表，它最令人瞩目的特点就是以精巧的穹顶结构创造出饱满、凝重的内部空间——圆形大殿。万神庙以其内部空间形象的艺术感染力而震撼人心。（图 2-19、图 2-20）

罗马大角斗场建于公元 75 年至 80 年，平面椭圆形，长轴 188 米，短轴 156 米，中央是用于角斗的区域，周围有一道高墙与观众席隔开，以保护观众的安全。周围的观众席有 60 排看台。罗马角斗场规模宏大，设计精巧，其建筑水平更是令人惊

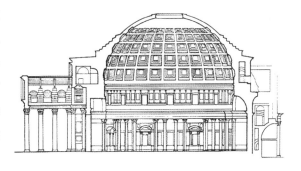

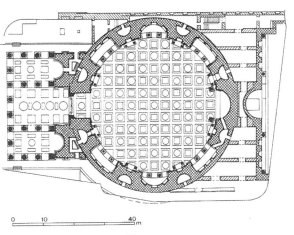

图 2-20

叹。尤其是它的立柱与拱券的成功运用，它用砖石材料及利用力学原理建成的跨空承重结构，不仅减轻了整个建筑的重量，而且使建筑具有一种动感和延伸感。

帝国时期，罗马更是大建凯旋门、纪功柱、帝王广场和宫殿，为帝王歌功颂德，炫耀财富。在罗马人所创造的各类建筑式样中，若论影响之深远，似应首推凯旋门，它是罗马建筑中比较特殊的一种形态，为皇帝夸耀功绩之用。罗马城内君士坦丁凯旋门建于公元312年，是这类建筑的代表作之一。

阿德良离宫是帝国皇帝阿德良的离宫，位于罗马城东郊提沃利，占地18平方千米。离宫处在两条狭窄的山谷之间，用地极不规则且地形起伏很大。离宫内除了宏伟的宫殿群之外，还建有大量的生活和娱乐设施，如图书馆、剧场、庙宇、浴室、竞技场、游泳池、画廊及其他附属建筑。这些建筑布局随意而没有明确的轴线，随山就势，变化十分丰富。离宫的中心部分为较规则的布局，园林部分变化较多，既有规则式庭园、柱廊园，还有布置在建筑周围的花园，如图书馆花园；还有一些希腊式花园，如绘画柱廊园，以回廊和墙围合的矩形庭园，中央有水池。回廊采用双廊的形式，适于夏季和冬季使用。阿德良离宫遗址中还保存着运河，尽管水已干涸，但仍隐约可辨。整个离宫以水体统一全园，有溪、河、湖、池及喷泉等。阿德良离宫就是由阿德良皇帝本人设计的，把运河、池塘、喷泉、瀑布等自然环境与建筑这种人工环境充分融合起来。（图2-21）

图2-21

2.2　中古时期的环境设计

2.2.1　早期基督与罗马式

（1）早期基督时期

公元 1 世纪，产生于地中海东岸巴勒斯坦的基督教，是从犹太教中分化出来的，成为广大民众的精神寄托。基督教堂和古代神庙有本质上的区别，古代神庙是供神居住的场所，其祭神仪式只在庙前进行，而基督教堂则需容纳众多的教徒，来进行宗教礼拜活动。因此早期的基督教堂外部形象是相当朴素的，而室内空间不仅高大宽敞，而且装饰豪华，主要采用丰富多样的材料以及室内陈设品来营造这种效果。有大理石墙壁、镶嵌壁画、马赛克地坪，以及从古罗马继承的华丽的柱式。

罗马早期的基督教堂是在拱顶结构的古代巴西利卡（Basilica）建筑基础上发展成的一种长方形、有祭坛的教堂形式。它的内部一般是三个或五个长廊组成的空间，每个长廊中间用柱廊隔开，中间的主廊比两侧的宽阔而高深，并有高侧窗。长廊的一头是入口，另一头是横廊，横廊的正中半圆形为圣坛。圣阿波利奈尔（S.Apollinare）教堂也是早期基督巴西利卡教堂的典型代表。（图 2-22）

（2）罗马式时期

罗马式（Romanesque）这个名称是 19 世纪开始使用的，含有"与古罗马设计相似"的意思。它是西欧从 11 世纪晚期发展起来并成熟于 12 世纪，主要特点是其结构来源于古罗马的建筑构造方式，即采用了典型的罗马拱券结构。

图 2-22

罗马式教堂的空间形式，是在早期基督教堂的基础上，再在两侧加上两翼形成十字形空间，且纵身长于横翼，两翼被称为袖廊。这种空间造型，从平面上看象征基督受难的十字架，而且纵身末端的圣殿被称为奥室，在法文中为"枕头"的意思，因此这部分是被想象成钉在十字架上基督的头所枕之处。在结构上，拱顶由早期的木构架发展成石材拱顶，因为木构架极容易造成火灾。拱顶在这一时期主要有筒拱和十字交叉拱两种形式，其中十字交叉拱首先从意大利北部开始推广，然后遍及西欧各地，成为罗马式的主要代表形式。

11～12世纪是罗马式艺术在法国形成和逐步繁盛的时期，并在西欧中世纪文化中起着带头作用。较为著名的教堂要数位于法国南部图鲁兹（Toulouse）的圣塞南（St. Sernin）教堂，由于图鲁兹是朝圣路上较重要的一站，因此圣赛南教堂是一个朝圣典型的大教堂。（图2-23、图2-24）。

比萨（Pisa）大教堂是意大利罗马式教堂建筑的典型代表。在比萨广场上有大教堂、洗礼室、钟楼。比起教堂本身来说，比萨斜塔的名气似乎更大一些。其实，它只是比萨大教堂的一个钟楼，因其特殊的外形、历史上与伽利略的关系而名声大噪。并且历经多年，塔斜而不倒，被公认为世界建筑史上的奇迹。（图2-25）

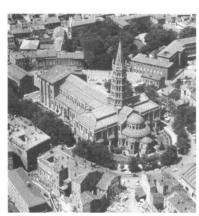

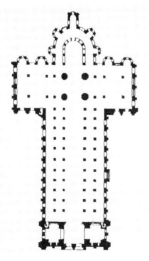

图2-23（左上）
图2-24（左下）
图2-25（右）

2.2.2 拜占庭

公元 395 年，罗马帝国分裂成东西两个帝国。东罗马帝国建都黑海口上的君士坦丁堡，得名为拜占庭帝国。拜占庭（Byzantine）的文化是由古罗马遗风、基督教和东方文化三部分组成的与西欧文化大相径庭的独特的文化，对以后的欧洲和亚洲一些国家和地区的建筑文化发展，产生了很大的影响。

在建筑及室内设计上最大的成就表现在基督教堂上，最初也是沿用巴西利卡的形制，但到 5 世纪，创建了一种新的建筑形制，即集中式形制。这种形制的特点是把穹顶支承在四个或更多的独立支柱上的结构形式，并以帆拱作为中介连接。同时可以使成组的圆顶集合在一起，形成广阔而有变化的新型空间形象。这比起古罗马的拱顶来，是一个巨大的进步。

位于君士坦丁堡（Constantinople）的圣索菲亚（St.Sophia）大教堂可以说是拜占庭建筑最辉煌的代表，也是建筑室内设计史上的杰作。教堂采取了穹顶巴西利卡式布局，东西77 米，南北 71.7 米。中央大殿为椭圆形，即由一个正方形两端各加一个半圆组成，正方形的上方覆盖着高约 15 米、直径约 33 米的圆形穹顶，通过四边的帆拱，支承在四角的大柱墩上，柱墩与柱墩之间连以发券。中央穹顶距地近 60 米，南北两侧的空间透过柱廊与中央的大殿相连，东西两侧逐个缩小的半穹顶造成步步扩大的空间层次，既和中央穹顶融为一体，又富有层次。（图 2-26、图 2-27）

意大利曾是古罗马的中心，古代建筑遗迹很多，所以文化艺术同古希腊、古罗马艺术传统有着内在的联系，如建筑的规模结构和装饰手法，都遵循着原有的规律。并且在意大利，艺术风格很不统一，东部主要受拜占庭影响较大，南部受伊斯兰文化影响较多。位于南部的威尼斯（Venice）与拜占庭有着密切的关系，其圣马可大教堂（San Marco Cathedral）是中世纪非常著名的一座教堂。（图 2-28）

俄罗斯人属于东斯拉夫人，大约在 862 年时在诺夫哥罗德（Novgorod）出现了第一个俄罗斯国家，882 年首都迁至基辅。早期的俄罗斯人信奉的是原始的拜物教，公元 10 世

图 2-26   图 2-27

<table>
图 2-28　　　　　　　　　　　　　图 2-29
</table>

纪拜占庭的东正教传入了俄罗斯，拜占庭的建筑形式和建筑技术也一并风行俄国，俄罗斯的建筑风格可以说是拜占庭的延续和发展。

克里姆林宫（Kremlin）位于俄罗斯莫斯科的中心。克里姆林宫周围是红场和教堂广场等一组规模宏大、设计精美的建筑群。（图 2-29）

2.2.3　哥特式

12 世纪中叶，罗马式设计风格继续发展，产生了以法国为中心的哥特（Gothic）式建筑，然后很快遍及欧洲，13 世纪到达全盛时期，15 世纪随着文艺复兴的到来而衰落。

哥特式建筑是在罗马式基础上发展起来的，但其风格的形成首先取决于新的结构方式。罗马式风格虽然有了不少进步，但是拱顶依然很厚重，进而使中厅跨度不大，窗子狭小，室内封闭而狭窄。而哥特式风格由十字拱演变成十字尖拱，并使尖拱成为带有肋拱的框架式，从而使顶部的厚度大大地减薄了。哥特式建筑中厅的高度比罗马式时期更高了，一般是宽度的 3 倍，且在 30 米以上。建筑内外垂直形态从下至上，使人感觉整个结构就像是从地下长出来的一样，产生急剧向上升腾的动势，从而使内部的视觉中心不集中在祭坛上，

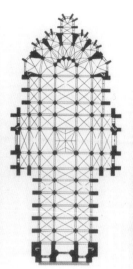

图 2-30　　　　　　　　　　　　　　　　　　　　　　图 2-31

而是所有垂线引导着人的眼睛和心灵升向天国。从而也解决了空间向前和向上两个动势的矛盾。因此，哥特式风格的教堂空间设计同其外部形象一样，以具有强烈的向上动势为特征来体现教会的神圣精神。

　　法国是哥特式建筑及室内设计风格的发源地，其中最令人瞩目的就是巴黎圣母院（Notre Dame，Paris）。其位于流经巴黎的塞纳河中的斯德岛上，于 1163 ~ 1320 年建成，它属于早期哥特式最宏伟的建筑，也是欧洲建筑史上一个划时代的标志。（图 2-30、图 2-31）。

2.2.4　伊斯兰

　　公元 6 世纪末，由阿拉伯的穆罕默德（Muhammad）创立了伊斯兰教并逐步扩大其势力，8 世纪在西亚、北非，甚至远至地中海西岸的西班牙等地都建立了政教合一的阿拉伯帝国。虽然 9 世纪又逐步解体，但是由于许多新兴王朝政治进步、经济繁荣，以及宗教信仰的强大力量，伊斯兰文化艺术一直稳定地向前发展。

　　建筑是伊斯兰文化的重要载体，尽管各个国家地区的风格不尽相同，但伊斯兰建筑及环境设计都有它基本的形式。伊斯兰宗教建筑的主要代表就是清真寺，宫殿、驿馆、浴室等世俗建筑的类型也较多，但留存下来的却很少。早期的清真寺主要也采用巴西利卡式，分主廊和侧廊，只不过圣龛必需设在圣地麦加的方向。在 10 世纪出现的集中式清真寺，除保持巴西利卡的传统外，在主殿的正中辟一间正方形大厅，上面架以大穹顶，内部的后墙仍然是朝向麦加方向的圣龛和传教者的讲经坛。

图 2-32（左）
图 2-33（右上）
图 2-34（右下）

位于耶路撒冷（Jerusalem）的圣岩寺（The Dome of the Rock）是留存的最古老的伊斯兰教建筑之一。圣岩寺建于 7 世纪的晚期，建筑为集中式八角形平面布局，寺内装饰得金碧辉煌，中央为穹顶，直径 20.6 米，顶高 35.3 米。与穹顶对应的下面是穆罕默德"登霄"时用的圣岩。岩上有脚趾印痕，相传为阿拉伯人祖先伊斯梅尔所留。周围环有两重回廊，其中第一层环廊是被支承穹顶的四个柱墩分成的四组连续拱廊，每一拱券以及柱墩都是红白黑相间的几何图案，每一根柱子是深绿色酷似爱奥尼的理石圆柱，柱头贴着金箔。整个内部空间无论是空间布局、结构分布，还是立面造型，都体现出一种简洁有力的几何美感。（图 2-32）

8 世纪初阿拉伯人占领了伊比利亚半岛，从而对西班牙建筑产生强烈的影响。其中科尔多瓦（Cordoba）大清真寺最能体现伊斯兰建筑设计的光辉成就。（图 2-33）

坐落于西班牙格兰纳达（Granada）一个地势比较险要山顶上的阿尔汗布拉宫（Alhambra），也是优秀的伊斯兰建筑文化的代表。阿尔罕布拉宫始建于 13 世纪，后经不同时期的修筑和扩建，成为宏伟、华丽的宫殿。（图 2-34、图 2-35）

从 13 世纪开始，印度的伊斯兰势力强大起来，尤其是到了 16 世纪印度的中部和北部受伊斯兰影响非常大。泰姬陵就是印度这一时期无与伦比的一座优美的建筑。

　　泰姬陵位于亚穆纳河畔，是印度莫卧儿王朝帝王沙贾汉为纪念爱妃泰姬·马哈尔所造。陵园长 580 米，宽 305 米，四周为红砂石围墙，中间是一个美丽的正方形花园。花园中间是一个大理石水池，水池尽头是陵墓。主体建筑陵墓用洁白的大理石砌成，陵墓建在高 7 米的大理石基上，陵墓中央覆盖着一个直径达 17.7 米的穹窿，高耸而又饱满，四面各有巨大拱门，四角有尖塔。泰姬陵宏伟瑰丽，纯净和谐，充满梦幻般的神奇风貌。尤其凌晨或傍晚是观赏泰姬陵的最佳时刻，此时的泰姬陵更加纯洁清丽、高雅静穆。（图 2-36）

图 2-35

图 2-36

2.2.5　中国、日本及东南亚

（1）中国

从东汉末年到三国鼎立，再到两晋和南北朝近三百年的对峙，一直到581年隋文帝统一中国，这段时期是中国历史上长期处于分裂状态的一个阶段。这个时期的建筑，在继承秦汉以来成就的基础上，吸收融合外来文化的影响，逐渐形成一个较完整的建筑体系。

自汉代开始传入佛教以来，佛教建筑逐渐成为一个重要的建筑类型。尤其是南北朝时期石窟寺极为盛行。中国石窟艺术源于印度，印度传统的石窟造像乃以石雕为主，而中国因岩质不适雕刻，故造像以泥塑、壁画为主。整个洞窟一般前为圆塑，而后逐渐淡化为高塑、影塑、壁塑，最后则以壁画为背景，把塑、画两种艺术融为一体。

敦煌莫高窟（Mogao Caves）是一座举世闻名的佛教艺术宝库，一个有1600余年历史的旷世奇葩。莫高窟，俗称千佛洞，位于甘肃省敦煌城东南25千米的鸣沙山。莫高窟是中国著名的三大石窟之一，规模宏大、保存完好。莫高窟开凿在鸣沙山东麓断崖上。南北长约1600多米，上下排列五层，高低错落有致，鳞次栉比，异常壮观。（图2-37）

到了隋唐时期，佛寺遍布中国各地，但保存下来的唐代佛寺殿堂较为完整的只有两处，即山西五台山的南禅寺正殿和佛光寺正殿。南禅寺正殿建于782年，是山区中一座较小的佛殿。南禅寺是中国目前现存建筑年代最早的木构建筑。（图2-38）

著名的乐山大佛位于岷江、青衣江、大渡河三水合汇流处，依凌云山栖霞峰临江峭壁断崖凿造而成，为弥勒坐像。佛像开凿于唐玄宗开元初年（公元713年），是海通和尚为减杀水势、普度众生而召集人力、物力修凿的，历时90年大佛完成。大佛为天然崖石凿成的一尊弥勒坐像，其头与山齐、脚踏江水。大佛体态匀称，神情肃穆，雍容大度、气魄雄伟。大佛通高71米，是世界现存最大的石刻弥勒佛大佛。被诗人誉为"山是一尊佛，佛是一座山"。大佛左侧，沿"洞天"下去就是凌云栈道的始端，全长近500米。右侧是

图2-37

图2-38

图 2-39（左）
图 2-40（右）

九曲栈道。（图 2-39）

　　唐代佛教兴旺，砖石佛塔的兴建非常流行，中国地面砖石建筑技术和艺术因此得以迅速发展。隋、唐、五代时期的佛塔，留存至今的原物比较多。大雁塔建于唐高宗永徽三年（公元 652 年），因坐落在慈恩寺，故又名慈恩寺塔，位于陕西西安。此塔平面正方形，底层每边长约 24 米，共七层，高约 64 米，呈方形角锥状。塔身为青砖砌成，各层壁面作柱枋、栏额等仿木结构。（图 2-40）

　　唐朝结束又经过五代十国战乱之后，进入北宋与辽、南宋与金、元对峙的时期，接着于 1368 年建立了明朝。后来满族贵族夺取了政权，建立清朝。从北宋开始，中国建筑又进入了一个新的发展阶段，取得了不少成就。

　　河北蓟县独乐寺（Dule Temple）是辽代的佛寺建筑。其中观音阁结构精巧，技艺超群，在中国木构建筑构造上享有很高的地位。观音阁外观两层，结构实为三层，因为中间一层是夹层。阁内有高达 16 米、通高三层的观音塑像，形态端庄生动。（图 2-41、图 2-42）

　　隋唐时期的皇家园林集中建置在长安和洛阳，除此以外也有建置的。其数量之多，规模之宏大，远远超过魏晋南北朝时期。隋唐的皇家园居生活多样化，相应的大内御苑、行宫御苑、离宫御苑这三种类别的区分就比较明显，它们各自的规划布局特点也比较突出。

　　北宋的皇家园林也很发达。但这一时期私家园林才独立而兴盛。其中现存苏州园林中的沧浪亭，历史悠久，始建于北宋庆历五年（公元 1045 年）。园林占地 1.1 公顷，布局开敞自然，巧于因借，通过复廊，将园外景色纳入园景，是苏州园林中唯一未入园先得景的佳作。园内以山为主，山上古木参天，极富山林野趣。著名的沧浪亭在假山东面最高处，亭为方形，石刻四枋上有仙童、鸟兽及花树图案，建筑古朴，亭的结构形式与整个园林气氛非常协调。（图 2-43）

图 2-41

图 2-42

图 2-43

图 2-44

另外，苏州始建于元代的狮子林也是颇负盛名的，狮子林的假山叠石，群峰起伏，气势雄浑，怪石林立，洞壑宛转，玲珑剔透。假山群共有九条路线，21 个洞口。横向极尽迂回曲折，竖向力求回环起伏。当人步入连绵不断、变化无穷的石洞中，犹如身处八卦阵，左右盘旋，高低曲折，时而登峰巅，时而沉落谷底，或平缓，或险隘，给人带来一种恍惚迷离的神秘趣味，入洞如到迷宫。狮子林的建筑大都保留了元代风格，为元代园林代表作。主厅燕誉堂，结构精美，陈设华丽，是典型的鸳鸯厅形式；指柏轩，南对假山，下临小池，古柏苍劲，如置画中；园内四周长廊萦绕，花墙漏窗变化繁复，名家书法碑帖条石珍品70 余方。依山傍水有指柏轩、真趣亭、问梅阁、石舫、卧云室诸构。（图 2-44）

（2）日本

日本自古就同中国有着亲密的文化交流关系，它们的古代建筑同中国建筑有共同的特点，并且由于交流的关系始终不断，尤其到中国的唐朝达到顶峰，所以日本的建筑保存着比较浓厚的中国唐代设计风格特征。

日本传统的建筑及环境设计的特点是与自然保持协调关系并和自然浑然一体，因此，木材是日本建筑的基本材料，木架草顶下部架空也就是日本建筑的传统形式，6 世纪以后，随着中国文化的影响和佛教的传入，日本建筑的类型和形制更加多样化。

早在 6 世纪以前，日本供奉自然神的建筑物，被称作神社，神社的正殿是长方形的或是正方形的木墙板空间，下部架空、双坡木架草顶在室内形成了接近锥形的空间，正中往往有一个中心柱。最为著名的是伊势神宫。（图 2-45）

严岛神社始建于 811 年前后，位于风光秀美的日本广岛县境内岛屿——严岛，主要祭奉日本古代传说中的三位海洋女守护神。严岛神社位于面朝西北的海湾处，背后是峰峦叠翠的弥山，前面是一望无际的大海，壮观而秀美。神社由鸟居、正殿、配殿、币殿、祀殿、回廊、五重塔、千叠阁、能乐舞台组成。在轴线东南海面延长线上，即距离神社正殿 200 米的海上，是立于海中的被称为"日本三景"之一的"大鸟居"（日式牌楼），鸟居呈鲜红色，高达 16 米，建于 1875 年，神社建造得比它早得多。神社所在的整个海岛，被人们视为"圣地"。严岛神社是日本最优美的神社之一，古老而宏伟。神社二十多个社殿建筑以一条长达 270 米的朱红色回廊作为连接，雕梁画栋，华丽优雅。建筑依山傍水，视野辽阔，建筑与自然环境完美融合。（图 2-46、图 2-47）

佛教于 6 世纪即奈良时代传到日本，中国唐朝的佛寺建筑开始在日本广泛流行。日本的建筑开始进入一个新的历史阶段。奈良的法隆寺是 7 世纪初年建造的重要庙宇。其平面采用大殿即金堂、佛塔分列于中央左右两侧的布局方式，这种形式在中国现存寺庙中没有。寺塔为五重塔，是法隆寺中另一座标志性的建筑，总高 32.45 米。塔内有中心柱，自下而上贯穿全塔，是楼阁式塔早期构造形式的体现。同金堂相仿，塔的出檐很大，依层递减，显得安定而飘逸。（图 2-48）

图 2-45（左）
图 2-46（右上）
图 2-47（右下）

图 2-48

　　早在平安时代就出现"枯山水"的称谓，所谓"枯山水"其含义是，在没有池、没有水的地方，安置石头以造成"枯山水"。枯山水所代表的自然，是生活中自然的浓缩与精练，欣赏者需要进入禅宗的意念，依靠内省去领悟，才能品尝。所以，日本的内庭和历史名园中，采用枯山水的手法较多。

　　枯山水着重"抑"和"静"。如果仅停留在现实原型来欣赏枯山水，则无法进入枯山水所设定的艺术境界，而只能就眼前所见作视觉评价。枯山水是"取山水之意象，取枯塘之造型，用历史的痕迹，引片断地联想。枯，虽表现得苍老古翠，已失去青春之活力，留下的只是记忆的痕迹和历史的褶皱，但它却代表一种去除冗繁的干练，舍去了易变易腐的躯壳，表现一种精纯的特性，故有幽、玄、枯、淡之品格"。

　　到室町时代，枯山水成为庭园的象征和主流，建造庭园不造池水，而是通过石头、砂、苔藓作为基本素材，充分发挥其象征性而构筑的，充分发挥石头的形状、色泽、硬度、纹理以及其个性特点，以获得抽象化的象征性形象。在江户时代，日本主要的贵族住宅庭园也沿袭"枯淡闲寂"的审美情趣来建造庭园。最具代表性的是京都桂离宫的庭园，它们是以"至简至素"为其造园的主导思想。桂离宫的建筑平易而亲切，很少有刻意矫饰的痕迹。造型惯用简洁的水平或垂直的几何形。（图 2-49）

　　（3）东南亚

　　雄踞在金边西北约 310 千米处的吴哥古迹（Angkor），是 9 ~ 15 世纪东南亚高棉王朝的都城，吴哥一词源于梵语，意为都市。吴哥窟（Angkor Wat）和女王宫是印度教与佛教建筑风格的寺塔。吴哥古迹始建于公元 802 年，前后用 400 余年建成，共有大小各式建筑 600 余座，分布在约 45 平方千米的丛林中。吴哥王朝辉煌鼎盛于 11 世纪，是当时称雄中南半岛的大帝国。吴哥王朝于 15 世纪衰败后，古迹群也在不知不觉中淹没于茫茫丛林，直到 1860 年被发现，重现光辉。（图 2-50）

　　缅甸仰光大金塔（Shwe dagon Paya）又称瑞光大金塔，是世界上著名的佛教宝塔。大金塔位于仰光北方的辛德达亚山坡上，是一座佛舍利塔，它与印度尼西亚的婆罗浮屠、柬

图 2-49　　　　　　　　　　　　　　　　图 2-50

图 2-51　　　　　　　　　　　　　　　图 2-52

埔寨的吴哥窟齐名，同为珍贵的人类文化遗产。大金塔相传始建于公元前 585 年，已有 2600 多年的历史。据佛教传说，释迦牟尼成佛后，为报答缅人从印度带回 8 根释迦牟尼佛祖的佛发，献给缅王，于是修筑此塔把佛发珍藏塔内。(图 2-51)

泰国的大王宫是一座经典的泰国传统风格建筑，大王宫位于泰国曼谷湄南河畔，是曼谷王朝一世至八世国王的王宫，又称"故宫"。泰国史称暹罗国，大王宫始建于 1782 年，由一组布局错落有致的建筑群组成，主要由三座宫殿和一座寺院组成，四周筑有 5 米高的白色宫墙，总长 1900 米。这些建筑汇集了泰国绘画、雕刻和装饰艺术的精华。主要建筑物有节基宫、律实宫、阿玛林宫等几座各具特色的宫殿，从东向西一字排开，一色的绿色瓷砖屋脊，紫红色琉璃瓦屋顶，凤头飞檐，屋顶是典型的泰国三顶式结构。

节基宫是一座由拉玛五世国王于 1876 年修建的，是大王宫中的主殿，也是最大的一座宫殿，其形式仿意大利文艺复兴建筑形式。节基宫由正殿和左右偏殿组成，正殿前面还有一座宽敞的楼台。白色的殿身雕刻出各种西方形式的花纹图案。殿顶高高耸立的则是典型的泰国三座装饰华丽的锥形尖塔。殿主体部分仿西欧晚期哥特式建筑，屋顶是重檐多面的泰式屋顶。这里曾是国王接见来使、递交国书的地方。(图 2-52)

2.3 近世环境设计

2.3.1 文艺复兴

14 世纪，在以意大利为中心的思想文化领域，出现了反对宗教神权的运动，强调一种以人为本位并以理性取代神权的人本主义思想，从而打破中世纪神学的桎梏，自由而广泛地汲取古典文化和各方面的营养，使欧洲出现了一个文化蓬勃发展的新时期，即文艺复兴（Renaissance）时期。"文艺复兴"一词，原为意大利语，为再生或复兴的意思，即复兴希腊、罗马的古典文化，后来被作为 14 ~ 16 世纪欧洲文化的总称。

在建筑及环境设计上，这一时期最明显的特征就是抛弃中世纪时期的哥特式风格，而在宗教和世俗建筑上重新采用体现着和谐与理性的古希腊、古罗马时期的柱式构图要素。此外，人体雕塑、大型壁画和线型图案锻铁饰件也开始用于室内装饰，这一时期许多著名的艺术大师都参与建筑及其环境设计，并参照人体尺度，运用数学与几何知识分析古典艺术的内在审美规律，进行艺术作品的创作。因此，将几何形式用作设计的母题是文艺复兴时期的主要特征之一。

（1）早期文艺复兴

15 世纪初叶，意大利中部以佛罗伦萨为中心出现了新的建筑设计倾向，在一系列教堂和世俗建筑中，第一次采用了古典设计要素，运用数学比例创造出一批具有和谐的空间效果，令人耳目一新的设计作品。伯鲁乃列斯基（Brunelleschi，1379 ~ 1446 年）是文艺复兴时期建筑伟大的开拓者。他善于利用和改造传统，他是最早对古典建筑结构体系进行深入研究的人，大胆地将古典要素运用到自己的设计中，并将设计置于数学原理的基础上，创造出朴素、明朗、和谐的建筑室内外形象。以出色的穹顶设计而被誉为早期文艺复兴代表的佛罗伦萨主教堂（Florence Cathedral），建于 1296 ~ 1470 年，平面为拉丁十字式，西部围廊式的长方形会堂长 60 多米，东部正中为八角形穹顶，在其东、南、北三面各有一个近八角的巨室，每个巨室又设置 5 个小礼拜堂。主教堂总高约 110 米。整个工程没有借助拱架，而是以一种鱼骨结构的新颖方式建成。穹顶呈尖矢形而不是半圆形，高三十多米。佛罗伦萨主教堂的穹顶以其毋庸置疑的高大体积和轮廓分明的简洁外形突出体现了古罗马的理性和秩序原则，这与当时统治西欧大陆的"火焰风格"哥特建筑风格是完全不同的。同时，它作为罗马帝国灭亡以后意大利人第一次建造起的巨型穹隆结构，极大地唤起了意大利人沉睡已久的对悠久历史和古老文化的自豪感。因此，它从开始建造的那一天起，就注定以崭新的富有纪念碑气质的形象成为新时代的宣言书。（图 2-53、图 2-54）

（2）盛期文艺复兴

15 世纪中叶以后，发源于意大利的文艺复兴运动很快传播到德国、法国、英国和西班牙等国家，并于 16 世纪达到高潮，从而把欧洲整个文化科学事业的发展推进到一个崭

图 2-53

图 2-54　　　　　　　　　　　　　　图 2-55

新的阶段。同时由于建筑艺术的全面繁荣，人工环境向着更为完美和健康的方向发展。

整个文艺复兴运动自始至终都是以意大利为中心而展开的。作为世界上最大的天主教堂圣彼得大教堂（St·Peter's Cathedral）是文艺复兴时期不朽的纪念碑。（图 2-55、图 2-56）

1536 年米开朗琪罗在罗马设计了卡比多（The Capitol）广场。卡比多广场又称市政广场，位于罗马城中心的历史文化圣地卡皮托利诺山上。（图 2-57）

文艺复兴运动以佛罗伦萨为中心开展起来，后来也影响到威尼斯。威尼斯的文艺复兴建筑，最主要的是圣马可广场及其建筑群。圣马可广场，自古以来，一直是威尼斯的政治、宗教和商业的公共活动中心，广场的主体建筑是圣马可教堂，这座教堂建筑建于 11 世纪，是一座拜占庭风格的教堂，立面装饰十分华美。（图 2-58）

图 2-56

图 2-57

图 2-58

图 2-59

　　从 16 世纪 30 年代开始，意大利艺术家来到法国参加枫丹白露宫（Palais de Fontaineleau）的建筑工程，使得法国文艺复兴建筑进入一个新的发展阶段，枫丹白露宫位于巴黎近郊。"枫丹白露"在法语中的意思是"蓝色的泉水"，该地有一眼八角小泉，泉水清澈碧透，因此得名。枫丹白露宫以其清静幽雅的环境、秀美迷人的景色，博得了法国君主们的喜爱。它最初是供国王行猎用的别宫。自路易十四时期开始，枫丹白露宫一直是法国王朝的驻地。（图 2-59）

　　意大利文艺复兴时期的庄园多建在城郊外风景秀丽的丘陵坡地上，依山就势辟成若干台层，形成独具特色的台地园。其园林布局严整对称，有明确的中轴线贯穿全园，且联系各个台层，使之成为统一的整体。中轴线上则设置水池、喷泉、雕像以及造型各异的台阶、坡道，这些景物对称地布置在中轴线两侧。庭园轴线有时只有一条主轴，有时分主、次轴，甚至还有几条轴线或直角相交，或平行，或呈放射状。各台层上常有多种理水形式，理水不仅强调水景与背景在明暗与色彩上的对比，而且注重水的光影和雕像及音响效果，甚至以水为主题，形成丰富多彩的水景。植物造景非常丰富，将密植的常绿植物修剪成高低不一的绿篱、绿墙、绿荫剧场等。其中埃斯特庄园（Este）和兰特庄园（Lante）都是非常著名的。（图 2-60、图 2-61）

图 2-60

图 2-61

2.3.2　巴洛克

16世纪下半叶，文艺复兴运动开始从繁荣趋向衰退，建筑进入一个相当混乱与复杂的时期，设计风格流派纷呈。产生于意大利的巴洛克风格，以热情奔放，追求动态，装饰华丽的特点逐渐赢得当时的天主教会及各国宫廷贵族的喜好，进而迅速风靡欧洲，并影响其他设计流派，使17世纪的欧洲具有巴洛克时代之称。巴洛克（Baroque）这个名称，历来有多种解释，但通常公认的意思是畸形的珍珠，是18世纪以来对巴洛克艺术怀有偏见的人用作讥讽的称呼，带有一定的贬义，有奇特、古怪的意思。

巴洛克的设计风格打破了对古罗马建筑师维特鲁威的盲目崇拜，也抛弃了文艺复兴时期的种种"清规戒律"，追求自由奔放，充满世俗情感的欢快格调。欧洲各国巴洛克设计风格有一些共同的特点：首先在造型上以椭圆形、曲线与曲面等极富生动的形式突破古典及文艺复兴的端庄严谨、和谐宁静的规则，着重强调变化和动感。其次是打破建筑空间与雕刻和绘画的界限，使它们互相渗透，强调艺术形式的多方面综合。室内中各部分的构件如顶棚、柱子、墙壁、壁龛、门窗等综合成为一个集绘画、雕塑和建筑的有机体，主要体现在顶棚画的艺术成就。其三，在色彩上追求华贵富丽，多采用红、黄等纯颜色，并大量饰以金银箔进行装饰，甚至也选用一些宝石、青铜、纯金等贵重材料以表现奢豪的风格。此外，巴洛克的空间设计还具有平面布局开放多变，空间追求复杂与丰富的效果，装饰处理强调层次和深度。

纳沃纳广场是罗马城中最著名的巴洛克广场，是在公元86年古罗马图密善皇帝所建的一座可以容纳三万人的希腊式体育场的基础上形成的，因而平面呈细长的马蹄形。尤其是位于纳沃纳广场的"四河喷泉"雕塑，更增添了广场的吸引力，它是贝尼尼的杰作之一。"四河喷泉"于1651年落成，喷泉中央的主体是一座竖立在陡峭岩石之上的方尖碑，是图密善皇帝从埃及劫来的，方尖碑下的四尊人像分别象征了闻名当时的非洲尼罗河、亚洲恒河、欧洲多瑙河和美洲拉普拉塔河，雕像动势十足，表现力强。（图2-62）

另外，罗马最著名的特莱维（Trevi）喷泉也是贝尼尼的作品。特莱维喷泉又名许愿池。这座喷泉始建于1730年，到正式完工用了三十多年时间，它采用左右对称结构，在中央立有一尊被两匹骏马拉着奔跑的海神像，海神像背后是侯爵宫殿，左右两边各立有两尊水

图2-62

神像，右边的水神像上有浮雕，浮雕上方有 4 尊分别代表四季的女像。（图 2-63）

    凡尔赛王宫（Palace of Versailles）是欧洲一座宏大辉煌的宫殿。它位于巴黎的近郊，凡尔赛宫苑占地面积巨大，规划面积达 1600 公顷，其中仅花园部分面积就达 100 公顷。如果包括外围的大林园，占地面积达 6000 余公顷，围墙长 4 千米。宫苑主要的东西向主轴长约 3 千米，如包括伸向外围及城市的部分，则有 14 千米长。

    气势磅礴的凡尔赛宫是西方古典主义建筑的代表，这座庞大的宫殿总建筑面积约为 11 万平方米。宫顶摒弃了法国传统的尖顶建筑风格而采用了平顶形式，显得端庄而雄浑。宫殿坐东朝西，建造在人工堆起的台地上，南北长 400 米，中部向西凸出 90 米，长 100 米。整个王宫布局十分复杂而庞大，南翼是王子亲王的寝宫，北翼为宫廷王公大臣办公机构及教堂剧院等，东面正中面对三合院的一间是路易十四的卧室。宫殿气势磅礴，布局严密、协调。宫殿外壁上端，林立着大理石人物雕像，造型优美，栩栩如生。

    宫殿的正宫前面是一座风格独特的大花园，其中有一条自宫殿中央向西延长达 3 千米的中轴线，大小道路都是笔直的。整个大花园完全是人工雕琢的，极其讲究对称和几何图形化。（图 2-64 ~ 图 2-68）

图 2-63

图 2-64

图 2-65

图 2-66

图 2-68   图 2-67

2.3.3　洛可可

　　法国从 18 世纪初期逐步取代意大利的地位而再次成为欧洲文化艺术中心，主要标志就是洛可可建筑风格的出现。洛可可风格是在巴洛克风格基础上发展起来的一种纯装饰性的风格，而且主要表现在室内装饰上。它发端于路易十四（Louis XIV）晚期，流行于路易十五（Louis XV）时期，因此也常常被称作"路易十五"式。洛可可（Rococo）一词，来源于法语，是岩石和贝壳的意思，旨在表明其装饰形式的自然特征，如贝壳、海浪、珊瑚、枝叶和卷涡等。洛可可也同"哥特式""巴洛克"一样，是 18 世纪后期用来讥讽某种反古典主义的艺术的称谓，直到 19 世纪才同"哥特式"和"巴洛克"一样被同等看待，而没有贬义。

　　17 世纪末 18 世纪初，法国的专制政体出现危机，对外作战失利，经济面临破产，社会动荡不安，王室贵族们便产生了一种及时享乐的思想，尤其是路易十五上台后，更是过着奢侈荒淫的生活，他要求艺术为他服务，成为供他享乐的消遣品。这时那种壮丽、严肃的标准和深刻的艺术思想已不能满足他们的要求，他们需要的是更妩媚，更柔软细腻，而且更琐碎纤巧的风格，来寻求表面的感观刺激，因此在这样一个极度奢侈和趣味腐化的环境中产生了洛可可风格。

　　具有代表性的洛可可设计，就是巴黎的苏比兹（Soubise）公馆椭圆形的客厅。这是一座上下两层的椭圆形客厅，下层是供苏比兹公爵用的，上层是供他夫人用的，尤其以上层的客厅格外引人注目，整个椭圆形房间的壁面被 8 个高大的拱门所划分，其中 4 个是窗，1 个是入口，另外 3 个拱也相应做成镜子装饰。（图 2-69）

　　此外，德累斯顿的茨威格宫（Zwinger）和费斯堡宫（Wurzburg）则以鲜明的洛可可外部形象而著称。（图 2-70、图 2-71）

图 2-69

图 2-70

图 2-71

2.3.4 古典主义

（1）新古典主义

18 世纪中叶以法国为中心，掀起了"启蒙运动"的文化艺术思潮，也带来了建筑领域的思想解放。同时欧洲大部分国家对巴洛克、洛可可风格过于情绪化倾向感到厌倦，加之考古界在意大利、希腊和西亚等处古典遗址的发现，促进了人们对古典文化的推崇。因此，首先在法国再度兴起以复兴古典文化为宗旨的新古典主义（Neoclassicism）。当然，复兴古典文化主要是针对衰落的巴洛克和洛可可风格，复古是为了开今，通过对古典形式的运用和创造，体现了重新建立理性和秩序的意愿。为此这一风格广为流行，直至 19 世纪上半叶。

在建筑设计上，新古典主义虽然以古代美为典范，但重视现实生活，认为单纯、简单的形式是最高理想。强调在新的理性原则和逻辑规律中，解放性灵，释放感情。具体在空间设计上有这样一些特点：首先是寻求功能性，力求厅室布置合理；其次是几何造型再次成为主要形式，提倡自然的简洁和理性的规则，比例匀称，形式简洁而新颖；然后是古典柱式的重新采用，广泛运用多立克、爱奥尼、科林斯式柱式，复合式柱式被取消，设在柱础上的简单柱式或壁柱式代替了高位柱式。

新古典主义虽然产生于法国，然而即使是巴洛克、洛可可风格最兴盛的时期，古典主义也没有销声匿迹。尤其是在远离大陆很少受影响的英国更是如此，而且英国的设计风格从巴洛克向新古典主义过渡的时候，中间超越了洛可可阶段，因此相对来说古典主义在英国成熟比较早。圣保罗大教堂（St Paul's Cathedral）是英国国家教会的中心教堂，其整体建筑设计优雅、完美，内部静谧、安详，不仅外观恢弘，内部也装饰得金碧辉煌，美轮美奂，反映出它作为英国皇家大教堂的气派。（图 2-72、图 2-73）

图 2-72   图 2-73

图 2-74

图 2-75

维康府邸是法国典型的按照古典主义原则建造的花园别墅。它的轴线很突出，建筑与花园在一条轴线对称布局。平面以椭圆形的客厅为中心，花园衬托府邸，主从关系十分明确。花园是几何形构图，中轴长达 1 千米，沿轴线布置了花坛、水池和树木。（图 2-74、图 2-75）

（2）浪漫主义

在西欧艺术发展中，1789 年的法国大革命是一个转折点，从此，人们对艺术乃至生活的总的看法经历了一场深刻的变化。由于这场社会变革而出现了一种思想，即关于艺术家个人的创造性，以及其作品的独特性。这也表明艺术的新时期已经到来。因此代表着进步的、推动历史前进的浪漫主义便应运而生了。

18 世纪下半叶，英国首先出现了浪漫主义建筑思潮，它主张发扬个性，提倡自然主义，反对僵化的古典主义，具体表现为追求中世纪的艺术形式和趣味非凡的异国情调。由于它更多地以哥特式建筑形象出现，又被称为"哥特复兴"。

由设计师查理·伯瑞所设计的英国国会大厦（Houses of Parliament），一般被认为是浪漫主义风格盛期的标志。（图 2-76）

19 世纪初，一些浪漫主义建筑运用了新的材料和技术，这种科技上的进步，对以后的现代风格产生很大的影响。19 世纪末具有划时代意义的铁造建筑物——埃菲尔铁塔就是巴黎的象征，这是为庆祝世界博览会在巴黎举行，于 1887 年动工修建的一座世界著名的建筑。铁塔的设计建造者是法国建筑师埃菲尔，铁塔也因此而得名。（图 2-77）

图 2-76

图 2-77

18世纪下半叶到19世纪的浪漫主义运动还表现在与帕拉第奥主义建筑相配合的英国"风景庭园"（Landscape Garden）的兴起上。

英国的"风景庭园"自然式风景园的出现，改变了欧洲由规则式园林统治的长达千年的历史，这是西方园林艺术领域内的一场极为深刻的革命。风景园的产生与形成，同当时英国的文化艺术等领域中出现的各种思潮以及美学观点有着密切的关系。当时的诗人、画家、美学家中兴起了尊重自然的信念，他们将规则式花园看做是对自然的歪曲，而将风景园看做是一种自然感情的流露，这为风景园的产生奠定了理论基础。

斯托海德庄园（Stourhead）位于威尔特郡，在索尔斯伯里平原的西南角。1717年，亨利·霍尔一世（Henri Hoare）买下了这里的地产，并将流经园址的斯托尔河截流，在园内形成一连串近似三角形的湖泊。湖中有岛、有堤，周围是缓坡、土岗；岸边或是伸入水中的草地，或是茂密的丛林；沿湖道路与水面若即若离，有的甚至进入人工堆叠的山洞中；水面忽宽忽窄，或如湖面，或如溪流；既有水平如镜，又有湍流悬瀑，动静结合，变化万千。在湖岸上，林木完全按照自然的形态生长，间或有小片的空地。沿岸设置了各种园林建筑，有亭、桥、洞窟及雕塑等，它们位于视线焦点上，互为对景，在园中起着画龙点睛的作用。（图2-78）

德国巴伐利亚的新天鹅城堡（Neuschwanste）是由有"童话国王"之称的巴伐利亚国王路德维希二世（Ludwig Ⅱ）于1869～1886年建造的。这位生不逢时的国王仍旧沉浸在已经成为历史的君主时代的梦幻中，为此，他不惜重金在景色迷人的阿尔卑斯山中建造了这座具有浓郁浪漫色彩的城堡。天鹅城堡建筑形象造型优美，古典清雅；内部更是富丽堂皇，极尽华美，充满了梦幻与华丽的格调。整个城堡在山峦云雾掩映下，如梦似幻，风姿绰约；又如清丽高雅的白天鹅，俏立蓝天之下，振翅欲飞。（图2-79）

图 2-78

图 2-79

图 2-80

图 2-81

（3）折衷主义

折衷主义从 19 世纪上半叶兴起，流行于整个 19 世纪并延续到 20 世纪初。其主要特点是追求形式美，讲究比例，注意形体的推敲，没有严格的固定程式。任意摹仿历史上的各种风格，或对各种风格进行自由组合。由于时代的进步，折衷主义反映的是创新的愿望，促进新观念、新形式的形成，极大地丰富了建筑文化的面貌。

折衷主义以法国为典型，巴黎美术学院是当时传播折衷主义的艺术中心。这一时期重要的代表作品是巴黎歌剧院。巴黎歌剧院是当时欧洲规模最大、室内装饰最为豪华的歌剧院，其立面是意大利晚期的巴洛克风格，并掺杂了烦琐的洛可可雕饰，规模宏大，精美细致、金碧辉煌。（图 2-80、图 2-81）

2.3.5　中国明清

（1）宫殿和庙坛

北京故宫也称紫禁城（Palace in Forbidden City），是明清两代的皇宫，是世界上现存规模最大最完整的古代木结构建筑群，被人们称作"殿宇的海洋"。现存的宫殿始建于明永乐四年（公元 1406 年），历时 14 年才完工，共有 24 位皇帝先后在此登基。

图 2-82

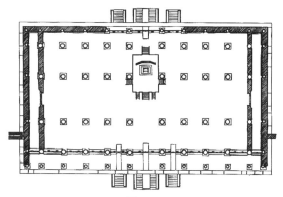

图 2-83

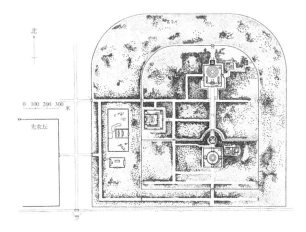

图 2-84

故宫整体布局为"前水后山"型。"前水"指的是天安门前的外金水河及太和殿前的金水河；"后山"指的是人工堆成的土山，即景山。故宫占地 72 万平方米，建筑面积约 15 万平方米，共有宫殿 9000 多间，都是木结构、黄琉璃瓦顶、青白石底座，饰以金碧辉煌的彩画。故宫是一座长方形的城池，南北长 960 米，东西宽 760 米，四周有高 10 米多的城墙围绕。城墙四边各有一门，南为午门，北为神武门，东为东华门，西为西华门。城墙的四角有四座设计精巧的角楼。

太和殿是故宫中最为巍峨、壮丽的建筑，它坐落在故宫的太和广场上。（图 2-82、图 2-83）

故宫的内廷，以乾清宫、交泰殿、坤宁宫为中心，东西两翼有东六宫和西六宫，是皇帝平日办事和他的后妃居住生活的地方。

故宫的平面布局，立体效果，以及形式上的雄伟、堂皇、庄严、和谐，都可以说是罕见的，是一个无与伦比的古代建筑杰作，无论其建筑群总体规划还是建筑本身都是中国古代设计的典范，整个建筑群金碧辉煌，气势磅礴，完美地体现了中国古代建筑艺术的精华。

天坛位于北京南城正门内东侧，东西长 1700 米，南北宽 1600 米。包括圜丘和祈谷二坛，围墙分内外两层，北围墙为弧圆形，南围墙与东西墙成直角相交，为方形。这种南方北圆，通称"天地墙"，象征古代"天圆地方"。（图 2-84、图 2-85）

（2）民居

至明清时期，四合院组合形式更加成熟稳定，成为中国古建筑的基本形式，自然也是住宅的主要形式。北方住宅以北京的四合院住宅为代表，它的内外设计更符合中国古代社会家族制的伦理需要。它是以院落为核心，依外实内虚的原则和中轴对称格局规整地布置各种用房。

图 2-85

图 2-86

　　南方的住宅也有许多合院式的住宅，最常见的就是"天井院"，它是一种露天的院落，只是面积较小。其基本单元是以横长方形天井为核心，三面或四面围以楼房。正房朝向天井并且完全敞开，以便采光与通风，各个房间都向天井院中排水，称为"四水归堂"。安徽黟县宏村月塘民居室内设计就是其中典型的一例。（图 2-86）

　　（3）园林

　　中国园林在世界上享有崇高的地位，明清（约 1368 ~ 1911 年）时的中国园林发展到了顶峰，达到了炉火纯青的境界。明清园林重在求"意"，"意"比"神"有更高的境界。园林之"意"表达的是人与园或人与自然的内在哲理。这时的园林不仅是大自然的艺术再现，更是在人与自然的深层关系上进行演绎。明清时期的江南以私家园林最具代表性。可以说，宫苑或寺庙园林中的许多园林手法，多效法于此。若从"意"的高度来说，则私家园林之"意"是高而又不可企及的。中国园林的民族特色可以归纳为：重视自然美；追求曲折多变；崇尚意境。

中国古代园林大体可分为三种主要类型，即私家园林、皇家园林和寺庙园林。

私家园林也称宅院，这种园林以江南园林境界最高。其中则要数苏州的"文人园"最为著名。这种园林的布局以及构园体现在四个方面：一、"小中见大"，划分景区，每区皆构图完整，各有特点；二、叠山理水都有章法，其原则是"虽由人作，宛自天开"；三、林木原则为"取其自然，顺其自然"，不矫揉造作；四、建筑物的原则是与山水林木有机结合，形成变化而又和谐。堂、厅、轩、宅、亭、台、楼、阁以及墙垣、石舫、桥梁等，各不相同，形式多样但风格统一。

文人在园林中追求文化意蕴深厚的"文人写意山水园"的意境。构园的主题思想就在于求得人与自然的理想关系，在有限的空间内点缀假山、树木，亭台楼阁、池塘小桥，以景取胜，景因园异，给人以小中见大的艺术效果。园林中的建筑物除实用性外，还在于表现人的理想生活。建筑空间通透，与自然联成一体。文人构园重在情态，情态来自生活的再现。园林时有山石、小径、亭舍，是江南水乡的田园牧歌式的境界。因此，优秀的文人园景不但有画意，而且有诗情。清高风雅，淡素脱俗。

明清时期，苏州的经济文化发展达到鼎盛阶段，造园艺术也趋于成熟，使造园活动达到高潮。明代正德四年（1509年），官场失意还乡的朝廷御史王献臣建造的拙政园，因有江南才子文徵明参与设计，文人气息尤其浓厚，处处诗情画意。拙政园的特点是园林的分割和布局非常巧妙，把有限的空间进行分割，充分采用了借景和对景等造园艺术，以水景取胜，平淡简远，朴素大方，保持了明代园林疏朗典雅的古朴风格。（图2-87、图2-88）

留园，在苏州园林中其艺术成就颇为突出。留园始建于明代万历二十一年（公元1593年），是清代具有代表性的园林之一，曾被评为"吴中第一名园"。（图2-89）

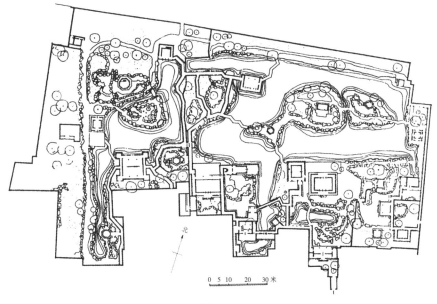

图2-87

图 2-88　　　　　　　　　　　　　　　　　　　　　　　　图 2-89

　　皇家园林一般规模都很大，以真山真水为造园要素，所以更重视选址，造园手法近于写实。由于景区范围大，景点多，功能内容和活动规模都比私家园林丰富和盛大得多，几乎都附有宫殿，常布置在园林主要入口处，用于听政，园内还有居住用的殿堂。皇家园林风格造型庄重且富丽堂皇。在中国皇家园林中，颐和园最为典型和完整。

　　颐和园坐落于北京西郊，原名清漪园，清康熙时始建行宫。从乾隆十五年（1750 年）起大建园林，是集历代皇家园林的大成，荟萃南北私家园林的精华，是中国现存最完整、规模最大的皇家园林。从公元 11 世纪起，这里就开始营建皇家园林，到 800 年后清朝结束时，全园总面积 4000 余亩，如此大面积的皇家园林世所罕见。

　　颐和园主要由万寿山和昆明湖组成，水面占全园的四分之三。环绕山、湖间是一组组精美的建筑物，全园分三个区域：以万寿山和昆明湖组成的风景区，以仁寿殿为中心的政治活动区，以玉澜堂、乐寿堂为主体的帝后生活区。全园以西山群峰为借景，加之建筑群与园内山湖形势融为一体，使景色变幻无穷。

　　万寿山前山的建筑群是全园的精华之处，巍峨高耸的佛香阁高达 41 米，是颐和园的象征。颐和园南部的前湖区，浩淼烟波，是典型的杭州西湖风格，西望群山起伏、北望楼阁成群；宏大的十七孔桥横卧湖上。在湖畔岸边，还建有著名的石舫，惟妙惟肖的镇水铜牛，赏春观景的知春亭等点景建筑。颐和园的建筑风格吸收了中国各地古典园林的精华，它气势磅礴、雄浑宏阔而又有江南的清丽婉约、风姿卓然，集中国历代造园艺术之精粹，是中国园林艺术史上的里程碑。（图 2-90 ~ 图 2-92）

　　避暑山庄是中国皇家园林又一典范。是中国现存最大的园林，占地面积 564 万平方米，相当于颐和园的两倍。避暑山庄不仅规模宏大，而且在总体规划布局和园林设计上充分利用了原有的自然山水的景观条件，吸取唐、宋、明历代造园的优秀传统及江南塞北之风光，以朴素淡雅的山村野趣为格调，取自然山水的本色，实现了中国古代南北造园和建筑艺术的融合，以及木架结构与砖石结构、汉式建筑形式与少数民族建筑形式的完美结合，构成了中国古代建筑史上的奇观。避暑山庄分宫殿区、湖泊区、平原区、山峦区四大部分。

图 2-90

图 2-91

图 2-92

图 2-93

图 2-94

　　山庄整体布局分区明确，巧用地形，因山就势。山庄宫殿与天然景观和谐地融为一体，达到了回归自然的境界。建筑融南北艺术精华，既具有南方园林的风格、结构和工程做法，又多沿袭北方常用的手法，成为南北建筑艺术完美结合的典范。避暑山庄为中国现存最大的古代帝王宫苑。

　　另外在避暑山庄东面和北面的山麓，峰奇石异，林木繁茂，分布着雄伟壮观的寺庙群，这就是外八庙。外八庙以汉式宫殿建筑为基调，吸收了蒙古族、藏族、维吾尔族等民族建筑艺术特征，创造了中国的多样统一的寺庙建筑风格。（图 2-93、图 2-94）

2.4　近代环境设计

2.4.1　"工艺美术"运动

19 世纪中叶以后，伴随着工业革命的蓬勃发展，建筑及环境设计领域进入一个崭新的时期。此时折衷主义以缺乏全新的设计观念和功能技术上的创造，不能满足工业化社会的需要。另一方面，工业革命后建筑大规模发展，造成设计千篇一律、格调低俗；施工质量粗制滥造，对人们的居住和生活环境产生了恶劣影响。在这种情况下，设计师形成一股强大的反动力，反对保守的折衷主义，也反对工业化的不良影响。进而引发建筑室内设计领域的变革，出现工艺美术运动和新艺术运动。

在整个 19 世纪各种建筑艺术流派中，对近代室内设计思想最具影响的是发生于 19 世纪中叶英国的工艺美术运动（Arts and Crafts）。这场运动是一批艺术家为了抵制工业化对传统建筑、传统手工业的威胁，为了通过建筑和产品设计体现民主思想而发起的一个设计运动。

引起这场设计革命的最直接的原因是工业革命后机器化大生产所带来的艺术领域的冲突，即借助机器批量生产缺乏艺术性产品的同时，却丧失了先辈艺术家的审美性。诗人和艺术家莫里斯（William Morris，1834 ~ 1896 年）是这场运动的先驱，他提倡艺术化的手工制品，反对机器产品，强调古趣，提出了"要把艺术家变成手工艺者，把手工艺者变成艺术家"的口号。1859 年，他邀请原先哥特风格事务所的同事韦伯（Philip Webb，1831 ~ 1915 年）为其设计住宅——红屋，这个红色清水墙的住宅，融合了英国乡土风格及 17 世纪意大利风格，平面根据功能需要布置成 L 形，而不采用古典的对称格局，力图创造安逸、舒适而不是庄重、刻板的室内气氛。莫里斯有时也会运用自己设计的色彩鲜亮、图案简洁、装饰味极强的壁纸。他的朴素之风，与其说复兴了中世纪趣味，不如说是为以后新的趣味的形成开辟了先河。（图 2-95、图 2-96）

图 2-95

图 2-96

2.4.2 "新艺术"运动

新艺术运动是 19 世纪末、20 世纪初在欧洲和美国产生和发展的一次影响面相当大的艺术运动，涉及很多国家，从建筑、家具、产品、服装、平面设计到雕塑和绘画艺术都受到影响。从它的产生背景来看，与"工艺美术"运动有许多相似的地方，它们都是对矫饰的维多利亚风格和其他过分装饰风格的反对，它们都旨在重新掀起对传统手工艺的重视和热衷，它们也都放弃传统装饰风格的参照，而转向采用自然中的一些装饰，比如以植物、动物为中心的装饰风格和图案的发展。两个运动不同的地方是，"工艺美术"运动把哥特风格作为一个重要的参考与来源，而新艺术运动则完全放弃任何一种传统装饰风格，完全走向自然风格，强调自然中不存在直线，在装饰上突出表现曲线、有机形态，而装饰的构思基本来源于自然形态。新艺术运动不同于工艺美术运动的是并不完全反抗工业时代，而是较积极地运用工业时代所产生的新材料和新技术。这场运动从法国、比利时开始发展起来，之后蔓延到许多国家，甚至影响到美国，成为一个影响广泛的国际设计运动。

新艺术运动主张艺术与技术相结合，在建筑及环境设计上体现了追求适应工业时代精神的简化装饰。主要特点是装饰主题模仿自然界草本形态的流动曲线，并将这种线条的表现力发展到前所未有的程度，产生出非同一般的视觉效果。

霍塔（Victor Horta，1861 ~ 1947 年）是新艺术风格的奠基人。他在 1893 年设计的布鲁塞尔都灵路 12 号住宅（12，Rue de Turin），即塔塞尔住宅，是新艺术运动的早期实例。（图 2-97）

图 2-97

新艺术运动时期伟大的艺术家——西班牙人安东尼奥·高迪（Antonio Gaudi, 1802～1926 年），从 19 世纪的最后几年起到他去世，以其卓尔不群的超凡想象力为他所在的城市设计了一批梦幻般的作品，将新艺术运动反传统的曲线造型和"自然"表现的特点推向极致，从而产生深远而广泛的影响。1900 年，高迪在巴塞罗那设计了一座圭尔（Parque Guell）公园。在这座公园中，高迪将他对"自然秩序"的理解以其独有的方式加以阐释。公园的主体是一座由 86 根粗大的多立克柱支撑的市场大厅，这些柱子本身是相当规范的，但它们所支撑的檐部却不规则地弯曲着，顶棚上仿若生长出起伏不定的钟乳石。大厅的屋顶被处理成由蜿蜒的女儿墙围合的平台。

公园内还有特别令人喜爱的弯曲长椅，有人称这是世界上"最长的椅子"。这座造型弯曲如长蛇的椅子，表面覆以色彩艳丽的陶瓷和玻璃马赛克碎片，构成了圭尔公园最神奇的特色。它用不规则的砖拼贴而成，这些拼贴而成的图案有些是高迪自己设计的，有些则是让镶嵌工人自己发挥的，长椅在阳光下斑驳陆离、闪闪发光。该长椅有凹凸的造型弯曲，凹进去的地方犹如电影院中的包厢座椅，像是专为情人设计的。（图 2-98、图 2-99）

图 2-98

图 2-99

2.4.3 "装饰艺术"运动

"装饰艺术"运动在 20 世纪 20 年代兴起，并逐渐成为一个国际性的流行设计风格，它主要采用手工艺和工业化的双重特点，并运用折衷主义手法，创造一种以装饰为特点的新的设计风格。"装饰艺术"运动不仅涉及建筑设计、室内设计领域，还影响到家具设计、平面设计、产品设计和服装设计等几乎所有设计的方面，为此"装饰艺术"运动是近代非常重要的一次设计运动。

"装饰艺术"运动（Art Deco）是首先在法国、美国和英国等国家开展的一次风格非常特殊的设计运动。最初法国的"装饰艺术"运动，在很大程度上依然是传统的设计运动，虽然在造型、色彩、装饰动机上有新的、现代的内容，但是它的服务对象依然是社会的上层，是少数的资产阶级权贵，这与强调设计民主化、强调设计的社会效应的现代主义立场是大相径庭的。

20 世纪初，一些艺术家和设计师敏感地了解到新时代的必然性，他们不再回避机械形式，也不回避新的材料（比如钢铁、玻璃等）。他们认为"工艺美术"运动和新艺术运动，有一个致命缺陷是对于现代化和工业化形式的断然否定态度。时代已经不可阻挡，现代化和工业化已经到来，与其回避它还不如适应它。而采用大量的新的装饰及现代特征使设计更加华贵，可以作为一条新的设计途径。这种认识已普遍存在于法国、美国、英国的一些设计家中，特别是西方和美国的普遍繁荣，经济高速发展，形成新的市场，为新的设计和艺术风格提供了生存和发展的机会。这一历史条件，促使新的试验的产生，其结果便是"装饰艺术"运动的诞生。

图 2-100

美国的"装饰艺术"运动比较集中在建筑设计和与建筑相关的室内设计、家具设计、家居用品设计上。还包括"装饰艺术"，比如雕塑、壁画等，也都基本依附于建筑，可以说是建筑引导型的设计运动，这与法国比较集中于豪华、奢侈的消费用品的设计重点形成鲜明的对照。这场设计运动开始于纽约和东海岸，逐渐向中西部和西海岸扩展。

在建筑方面，纽约是"装饰艺术"运动的主要试验场所，重要的建筑物包括克莱斯勒大厦、帝国大厦、洛克菲勒中心大厦等。大量起棱角的装饰、豪华而现代的室内设计，大量的壁画、漆器装饰、强烈而绚丽的色彩计划、普遍采用金属作为装饰材料，都把法国雕琢味道很重的这种风格加以极端发展。（图 2-100、图 2-101）

另外，洛杉矶的哥里费斯天文台其建筑及环境设计也是典型的装饰艺术风格。（图 2-102）

图 2-101（左）
图 2-102（右）

2.5　现代环境设计

2.5.1　现代主义的诞生

现代主义设计是人类设计史上最重要的、最具影响力的设计活动之一。19 世纪工业革命之后，随着科学技术的迅猛发展，在世界范围内人们的生活都发生了巨大改变。在此基础上，现代主义设计运动蓬勃发展起来，涌现了一大批著名设计师及其优秀设计作品。现代主义建筑运动的崛起，标志着建筑及环境设计的发展步入了一个崭新的发展阶段。进入 20 世纪以来，欧美一些发达国家的工业技术发展迅速，新的技术、材料、设备工具不断发明和完善，极大地促进了生产力的发展，同时对社会结构和社会生活也带来了很大的冲击。建筑及环境设计领域重视功能和理性成为现代主义设计的主流。

（1）现代主义的开端

现代主义是一个文化含义十分宽泛的概念，它不是在单一的领域中展开的，而是由 19 世纪中叶开始的机械革命所导致的涉及工业、交通、通信、建筑、科技和文化艺术等诸领域的文化运动，它给人类社会带来的巨大影响是空前的。

在人类文明史上，19 世纪是一个令人激动的时代。蒸汽机的发明，被认为是这场机械革命的开端。此后，一系列的机械和技术革命便由此而引发，在通信、材料、冶炼和机械加工领域的工艺与技术改造，正以惊人的速度发展着并达到了空前的程度。

建筑领域具有革命性贡献的，是 1852 年发明的升降机以及其后发明的电梯，这项技术为高层建筑的建造和使用解决了关键性的垂直交通问题。此外，在 19 世纪由法国发展起来的钢筋混凝土浇筑技术，经过技术改造，进一步完善了混凝土中钢筋的最佳配置体系，为建造大跨度空间提供了可能和结构材料的保证。建筑领域中的新材料、新技术、新工艺的不断涌现，为现代建筑的产生提供了不可或缺的技术支持和物质保障。毋庸置疑，先进的生产力的发展是现代建筑产生的物质基础。

另外，20世纪初，在欧洲和美国相继出现了一系列的艺术变革，这场运动影响极其深远，它改变了视觉艺术的内容和形式，出现了诸如立体主义、构成主义、未来主义、超现实主义等一些反传统、富有个性的艺术风格。所有这些都对建筑及环境设计的变革产生了直接的激发作用。特别是在20世纪之初到两次世界大战之间的期间，这些运动发展得如火如荼，在思想方法、创作手段、表现形式、表达媒介上对人类自从古典文明以来发展完善的传统艺术进行了革命性的、彻底的改革，这个庞大的运动浪潮，一般称为现代主义艺术。

在这样的背景下，现代主义设计首先从建筑发展起来。传统建筑形式已越来越不能满足人们的生活要求，人们需要在更短时间内营造更多的、经济的新型建筑来满足需要。随着建筑的结构、材料以及设备等技术方面取得的突破，采用新技术的建筑不断涌现，建筑理论也随之得到了空前的发展。在此基础上，现代主义建筑运动蓬勃发展起来，涌现了一大批著名建筑师及其优秀建筑作品。

后来被称为美国著名的现代建筑大师的赖特（Frank Lloyd Wright，1869～1959年）在使用钢材、石头、木材和钢筋混凝土方面，创造出一种与自然环境相结合的令人振奋的新关系，而且在几何平面布置与轮廓等方面表现出非凡的天才。这时期的作品就是著名的"草原式住宅"（Prairie House）。（图2-103）

在第一次世界大战期间，没有受到战争干扰的荷兰发展了新的设计及理论，出现了"风格派"（De Stijl），风格派的核心是画家蒙德里安（Piet Mondrian，1872～1944年）和设计师里特威尔德（G·T·Rietveld，1888～1964年），风格派主要追求一种终极的、纯粹的实在，追求以长和方为基本母题的几何体，把色彩还原回三原色，界面变成直角、无花

图2-103

饰，用抽象的比例和构成代表绝对、永恒的客观实际。1924 年里特威尔德在乌得勒支设计了施罗德住宅（Schroder House）。这座建筑就是风格派画家蒙德里安画作的三维版。建筑构成的各个组成部分，如墙、楼板、屋顶、柱子、栏杆、窗，甚至是窗框、门框和家具，都不再被看做闭合整体中理所当然的或者可以视而不见的组成，而是表明各自不同的结构属性、功能属性和地位属性。

在室内设计中，里特威尔德曾在 1917 年设计了著名的红蓝椅，首次把蒙德里安的二维构成延伸到三维空间。这个被誉为是"现代家具与古典家具分水岭"的椅子，抛弃了所有曲线的因素，构件之间完全用搭接方式，呈现出简洁明快的几何美感，同时也具有一种雕塑形态的空间效果和量感。

（2）包豪斯

包豪斯（Bauhaus）是 1919 年在德国合并成立的一所设计学院，也是世界上第一所完全为发展设计教育而建立的学院。

这所学院是由德国著名建筑家、设计理论家格罗庇乌斯（Walter Gropius，1883 ~ 1969 年）创建的。被称为现代建筑、现代设计教育和现代主义设计最重要奠基人的格罗庇乌斯生于 1883 年，他曾在柏林和慕尼黑学习建筑，1907 年在柏林著名的建筑师贝伦斯的事务所工作，1918 年第一次世界大战结束后，一些艺术家设计师企图在这时振兴民族的艺术与设计，于是 1919 年格罗庇乌斯出任由美术学院和工艺学校合并而成的培养新型设计人才的包豪斯设计学院院长，1938 年由于法西斯主义的扼制，迫使他来到美国哈佛大学，继续推进现代设计教育和现代建筑设计的发展。

格罗庇乌斯主张艺术与技术相结合；重视形式美的创新，同时把功能因素和经济因素予以充分重视，坚决同艺术设计界保守主义思想进行论战，他的这些主张对现代设计的发展起了巨大的推动作用。

现代主义设计具体在设计上重视空间，特别强调整体设计。现代主义建筑提出空间是建筑的主角的口号，是建筑史上的一次飞跃，是对建筑本质的深刻认识。建筑意味着把握空间，空间应当是建筑的核心。后来继任包豪斯设计学院院长的密斯（Mies vander Rohe，1886 ~ 1969 年）于 1929 年为巴塞罗那世界博览会设计了德国馆，使千年来内外空间的分隔被一笔勾销，空间从封闭墙体中解放出来，这称为第三个空间概念阶段即"流动空间"。这个作品充分体现密斯"少就是多"的著名理念，也凝聚了密斯风格的精华和原则：水平伸展的构图、清晰的结构体系、精湛的节点处理以及高贵而光滑的材料运用。在这个作品中，密斯以纤细的镀铬柱衬托出了光滑的理石墙面的富丽，理石墙面和玻璃墙自由分隔，寓自由流动的室内空间于一个完整的矩形中。室内的椅子采用扁钢交叉焊接成 X 形的椅座支架，上面配以黑色柔光皮革的座垫。这就是其著名的"巴塞罗那椅"。德国馆是现代主义建筑最初的重要成果之一。它在空间的划分方面和空间形式处理都创造出成功的范例，并利用新的材料创造出令人惊叹的艺术效果。（图 2-104、图 2-105）

图 2-104

图 2-105

（3）柯布西耶与赖特

柯布西耶（Le Corbusier，1887 ~ 1965 年）是现代主义建筑运动的大师之一。从 20 世纪 20 年代开始，直至去世为止，他不断地以新奇的建筑观点和建筑作品，以及大量未实现的设计方案使世人感到惊奇。他后期的设计已超越一般的现代主义设计而具有跨时代的意义。

柯布西耶出生于瑞士，1917 年移居巴黎，1920 年与新画派画家和诗人创办了名为《新精神》的综合性杂志，后来又提出了著名的"住宅是居住的机器"的观点。萨伏伊别墅（Villa Savoye）就是他早期作品的代表，这一作品的内部空间比较复杂，各楼层之间采用了室内很少用的斜坡道，坡道一部分隐在室内，一部分露于室外。

赖特在两次世界大战期间设计了不少优秀建筑，这些作品使他成为美国最重要的建筑师之一。1936 年他设计了著名的流水别墅（Falling Water），这是为巨商考夫曼（E·J·Kawfman）在宾夕法尼亚州匹茨堡市郊区一个叫熊溪的地方设计的别墅。其设计是把建筑架在溪流上，而不是小溪旁。别墅采用钢筋混凝土大挑台的结构布置，使别墅的起居室悬挂在瀑布之上。在外形上仍采用其惯用的水平穿插、横竖对比的手法，形体疏松开放，与地形、林木、山石、流水关系密切。（图 2-106）

图 2-106

2.5.2　国际主义风格时期

第二次世界大战结束后，西方国家在经济恢复时期开始进行大规模建筑活动。造型简洁、重视功能并能大批量生产的现代主义建筑迅猛地发展起来，建筑及室内设计观念日趋成熟，从而形成一个比较多样化的新局面。但总的来说，这一时期，主要是指 1945 年至 20 世纪 70 年代初期，是国际主义风格（International Style）逐渐占主导地位的时期。

国际主义风格运动阶段，主要是密斯的国际主义风格作为主要建筑形式，特征是采用"少就是多"的减少主义原则，强调简单、明确、结构突出，强化工业特点。在国际主义风格的主流下，出现了各种不同风格的探索，从而以多姿多彩的形式丰富了建筑及室内设计的风格和面貌。

（1）粗野主义、典雅主义和有机功能主义

以保留水泥表面模板痕迹，采用粗壮的结构来表现钢筋混凝土的"粗野主义"（Brutalism），是以柯布西耶为代表，追求粗鲁的，表现诗意的设计，是国际主义风格走向高度形式化的发展趋势。1950 年，柯布西耶在法国一个小山区的山岗上设计的朗香教堂（La Chapelle de Ronnchamp）是其里程碑式的作品。（图 2-107）

图 2-107

另外，约翰逊早在 1949 年为自己设计的"玻璃住宅"，就已在室内设计中流露出典雅主义倾向。起居室中布置的巴塞罗那椅，其精致的形式和建筑空间极为协调，同时运用油画、雕塑和白色的长毛地毯等室内陈设品丰富了建筑过于简练的结构形式，说明这一时期已充分考虑到使用者的心理需求。

悉尼歌剧院属于有机功能主义的作品，被称为"建筑史上最经典的抒情建筑"，尤其是最小的一组壳片拱起屋面系统覆盖下的餐厅内部，更是有一种前所未有的视觉空间效果。（图 2-108）

（2）20 世纪 60 年代以来的现代主义

20 世纪 60 年代以后，现代主义设计继续占主导地位，国际主义风格发展得更加多样化。与此同时，环境的观念开始形成，

图 2-108

建筑师思考的领域扩大到阳光、空气、绿地、采光照明等综合因素的内容。室内外空间的分界进一步模糊，高楼大厦内开始出现街道和大型庭院广场，公共空间中强调休闲与娱乐等更赋人性化的氛围。

美国著名现代建筑师约翰·波特曼（John Portman）以其独特的旅馆空间成为这一时期杰出的代表。他以创造一种令人振奋的旅馆中庭：共享空间——"波特曼空间"而闻名。共享空间在形式上大多具有穿插、渗透、复杂变化的特点，中庭共享空间往往高达数十米，成为一个室内主体广场。波特曼重视人对环境空间感情上的反应和回响，手法上着重空间处理，倡导把人的感官上的因素和心理因素融汇到设计中去。如采用一些运动、光线、色彩等要素，同时引进自然、水、人看人等手法，创造出一种宜人的、生机盎然的新型空间形象。由波特曼设计的亚特兰大桃树广场旅馆的中庭就是这种典型的共享空间。（图 2-109）

图 2-109

图 2-110

始终坚持现代主义建筑原则的美籍华裔著名建筑大师贝聿铭（Peileoh ming，1917～2019 年）的华盛顿国家美术馆东馆的建筑内外环境设计也是这一时期的重要作品，曾是轰动一时的著名建筑。它成功地运用了几何形体，构思巧妙，与周围环境非常协调。建筑造型简洁大方、庄重典雅。空间安排舒展流畅、条理分明，适用性极强。东馆位于一块直角梯形的用地上，贝聿铭运用一个等腰三角形和一个直角三角形把梯形划分为两部分，从而取得了同老馆轴线的对应关系。内部的空间处理更是引人入胜，其中巨大宽敞的中庭是由富于空间变化、纵横交错的天桥与平台组成，巨大的考尔得黑红两色活动雕塑由三角形母题的采光顶棚垂下，使空间顿感活跃，产生了动与静、光与影、实与虚的变幻。还有一幅米洛挂毯挂在大理石墙上，使这堵高大而枯燥的墙面生色不少。中庭还散落一些树木和固定艺术构件，与空间互相渗透，相映成辉。（图 2-110）

图 2-111

　　充分体现贝聿铭的环境原则和多元因素综合原则的案例，是他设计的另一个力作：中国北京的香山饭店。它位于北京著名的香山公园内。因为考虑到这里是幽静、典雅的自然环境，还有众多的历史文物，因此设计师把西方现代建筑的结构和部分因素，同中国传统的语言，特别是园林建筑和民居院落等因素结合起来，形成一幢体现中国传统文化精华的现代建筑。（图 2-111）

2.5.3　后现代主义

　　20 世纪 60 年代末在建筑中产生的后现代主义，主要是针对现代主义、国际主义风格单一垄断而形成的。针对现代主义、国际主义风格千篇一律、单调乏味的减少主义特点，主张以装饰的手法来达到视觉上的丰富，设计讲究历史文脉、隐喻和装饰，提倡折衷的处理的后现代主义在 20 世纪 70 ~ 80 年代得到全面发展，产生了很大影响。"后现代主义"（Post—Modemism）这个词含义比较复杂。从字面上看，是指现代主义以后的设计风格。早在 1966 年，美国建筑师文丘里（Robert Venturi，1925 ~ 2018 年）发表了具有世界影响意义的后现代主义里程碑式的著作《建筑的复杂性与矛盾性》，在这里他认为形式是最主要的问题，提出要折衷地使用历史风格、波普艺术的某些特征和商业设计的细节，追求形式的复杂性与矛盾性来取代单调刻板、冷漠乏味的国际主义风格，这不仅继承了现代主义设计思想，而且更重要的是拓宽了设计的美学领域。

　　（1）戏谑的古典主义

　　戏谑的古典主义（Ironic Classicism）是后现代主义影响最大的一种设计类型，它是用折衷的、戏谑的、嘲讽的表现手法来运用部分的古典主义形式或符号；同时用各种刻意制造矛盾的手段，诸如变形、断裂、错位、扭曲等把传统构件组合在新的情境中，以期产生含混复杂的联想；在设计中充满一种调侃、游戏的色彩。

　　摩尔（C.Moore，1925 ~ 1994 年）是美国后现代主义最重要的设计大师之一，他于

1977 ~ 1978 年与佩里兹（A.Perez）合作为新奥尔良市（New Orleans）的意大利移民而建的"意大利广场"，是后现代主义早期的重要作品。

这是一个为意大利移民建造的公共活动、休闲的场所，在这里，摩尔用诙谐的手法，把严肃的古典建筑语汇和拉斯维加斯街头的现代情调糅合在一起，创造了一个极富戏剧性效果的、光怪陆离的都市的舞台。广场平面为圆形，一侧设置了象征地中海的大水池，池中是由黑白两色石板砌成的、带有等高线的意大利地图，而西西里岛被安放在圆形广场的中心，这寓意着一股清泉从"阿尔卑斯山"流下，浸湿了意大利半岛，流入"地中海"，而移民们的家乡——"西西里岛"就位于广场的正中心，隐喻着意大利移民多是来自该岛的事实。一系列环状图案由中心向四周发散，十分明确。（图 2-112）

日本建筑大师矶崎新于 1983 年设计建成的筑波（Tsukuba Center）中心，也是重要的后现代主义作品之一。（图 2-113、图 2-114）

由美国的后现代主义大师格雷夫斯（Michael Graves，1934 ~ 2015 年）在佛罗里达设计的迪士尼世界天鹅旅馆和海豚旅馆也带有明显的戏谑古典主义痕迹。建筑的外观富有鲜明的标志性，巨大的天鹅和海豚雕塑被安置在旅馆的屋顶上。内部设计更是同迪士尼的"娱乐建筑"保持一致，而且格雷夫斯在设计中大量使用了绘画手段，旅馆大堂的顶棚、会议厅和客房走廊的墙壁到处充满着花卉、热带植物为题材的现代绘画。夸张的椰子树装饰造

图 2-112

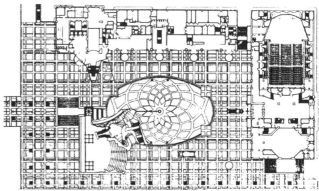

图 2-113

图 2-114

图 2-115

图 2-116

图 2-117

型也随处可见，让人体验到步入迪士尼童话王国般的戏剧感受，到处洋溢着节日般欢快的气氛。古典的设计语汇仍然充斥其中，古典的线脚、拱券和灯具，以及中世纪教堂建筑中的集束柱都非常和谐地存在于空间之中。（图 2-115、图 2-116）

（2）传统现代主义

传统现代主义，其实也是狭义后现代主义风格的一种类型。它与戏谑的古典主义不同，没有明显的嘲讽，而是适当地采取古典的比例、尺度、某些符号特征作为发展的构思，同时更注意细节的装饰，在设计语言上更加大胆而夸张，并多采用折衷主义手法，因而设计内容更加丰富、奢华。

由英国建筑师詹姆斯·斯特林（James Stirling，1926 ~ 1992 年）设计的德国斯图加特（Stuttgart）国立美术馆新馆，也是一个很有感染力的充满复杂与矛盾的后现代主义作品。（图 2-117、图 2-118）

富兰克林纪念馆（Franklin Court）是文丘里 1972 年设计的，这一作品可以作为后现代主义的里程碑，可以从更高层次上理解后现代主义的含义。

富兰克林纪念馆建在富兰克林故居的遗址上，主体建筑建在地下，通过一条缓缓的无障碍坡道可进入地下展馆，展馆包括几个展室和一个小的电影厅，以各种形式展示了富兰

图 2-118

克林的生平。纪念馆的设计构思饶有兴味，它没有采用惯用的恢复名人故居原貌的做法，而是将纪念馆建在地下，地面上为附近居民开拓了一片绿地。为了保留人们对故居的记忆，一方面是以一个不锈钢的架子勾勒出简化的故居轮廓，所谓"幽灵构架"，这是高度抽象的做法；另一方面将故居部分基础显露，显露的办法是运用现代雕塑形式的展窗直接展现给观众，并配合平面图及文字说明，介绍基础在故居中的位置及各部分的功能。这个作品极具创造性，展示的基础是真古董，构架是符号式的隐喻。而纪念馆却在地下，地上用于绿化的做法则是兼顾历史与环境的绝妙佳作。（图 2-119）

纽约的珀欣（Pershing）广场也带有明显的传统现代主义的痕迹，广场的中心是一个38 米高的钟楼，下面是长长的水道通向一个巨大的圆形喷泉。因地震造成的断裂线横穿广场，从喷泉通向人行道，这很自然地使人回忆起该地区曾发生的地震。两栋黄色的建筑将两个广场连结起来，三角形的交通中心和餐厅让人联想欧洲的广场。珀欣广场运用多种语汇和要素营造出一个清晰而鲜明的系列空间。（图 2-120）

后现代主义是从现代主义和国际风格中衍生出来的，并对其进行反思、批判、修正和超越。然而后现代主义在发展的过程中没有形成坚实的核心，也没有出现明确的风格界限，有的只是众多的立足点和各种流派风格特征。

2.5.4　现代主义和后现代主义之后

20 世纪 70 年代以来，科技和经济飞速发展，人们的审美观念和精神需求也随之发生明显的变化，世界建筑和室内设计领域呈现出新的多元化格局，设计思想和表现手法更加多样。在后现代主义不断发展的同时，还有一些不同的设计流派仍在持续发展。尤其是室内设计逐渐与建筑设计的分离，室内设计更是获得了前所未有的充分的发展，呈现出色彩纷呈、变化万端的景象。

图 2-119   图 2-120

（1）高技派风格

高技派（High Tech）风格在建筑及室内设计形式上主要是突出工业化特色、突出技术细节。强调运用新技术手段反映建筑和室内的工业化风格，创造出一种富于时代情感和个性的美学效果。具体有如下特征：①内部结构外翻，显示内部构造和管道线路，强调工业技术特征。②表现过程和程序，表现机械运行，如将电梯、自动扶梯的传送装置都做透明处理，让人们看到机械设备运行的状况。③强调透明和半透明的空间效果。喜欢采用透明的玻璃、半透明的金属格子等来分隔空间。

以充分暴露结构为特点的法国蓬皮杜国家艺术中心（Center Culture Pompidov），坐落于巴黎市中心，是由英国建筑师罗杰斯（Richard Rogers，1933 年 ~）和意大利建筑师皮亚诺（Renzo Piano，1937 年 ~）共同设计。蓬皮杜艺术中心是现代化巴黎的象征。作为高技派的代表作蓬皮杜艺术中心表现出对结构、设备管线、开敞空间、工业化细部和抽象化的极端强调，反映了当代新工业技术的"机械美"设计理念。（图 2-121）

由英国建筑师诺曼·福斯特（Norman Foster，1935 年 ~）设计的香港汇丰银行也是一个具有国际影响意义的高技派作品，大楼外墙是特别设计的外包铝板,组合着透明的玻璃板。外部透明的玻璃展示着内部的复杂而又相当灵活的空间，大楼内部的电梯、自动扶梯和办公室透过钢化玻璃幕墙一览无余,清晰可见。其结构方式是大多数部件采用了飞机和船舶的制造技术，然后经过精密安装,大厦的内部空间同外部形象一样给人一种恢宏壮观的感受。

（2）解构主义

解构主义（Deconstruction）作为一种设计风格的形成，是 20 世纪 80 年代后期开始的，它是对具有正统原则与正统标准的现代主义与国际主义风格的否定与批判。它虽然运用现

图 2-121

代主义语汇，但却从逻辑上否定传统的基本设计准则，而利用更加宽容的、自由的、多元的方式重新构建设计体系。其作品极度地采用扭曲错位、变形的手法使建筑物及室内表现出无序、失稳、突变、动态的特征。设计特征可概括为：①刻意追求毫无关系的复杂性，无关联的片断与片断的叠加、重组，具有抽象的废墟般的形式和不和谐性。②反对一切既有的设计规则，热衷于肢解理论，打破了过去建筑结构重视力学原理的横平竖直的稳定感、坚固感和秩序感。③无中心、无场所、无约束、具有设计者因人而异的任意性。解构主义的出现与流行也是因为社会不断发展，以满足人们日益高涨的对个性、自由的追求以及追新猎奇的心理。

　　出生于瑞士的建筑家屈米（B.Tschumi，1944 年~），1982 年设计的巴黎拉维莱特公园（Parc de la Villette）也是解构主义风格的代表作之一。该设计由点、线、面三套各自独立的体系并列、交叉、重叠而成。其中最引人注目的"点"是红色构筑物，屈米称之为"folies"，有疯狂之意，又意指 18 世纪英国园林中适应风景效果或幻想趣味的建筑。这些"点"被整齐地安置于间隔 120 米的格网上，规则的矩形阵列，造型没有特别的含意，功能不一，有餐厅、影院、展厅、游乐馆、售票亭等，它只是一种强烈的、易于识别的符号，也可以完全将它看做抽象的雕塑。"线"是由小径、林荫道组成的曲线和两条垂直交叉的直线构成。直线中的一条是横贯东西的原有水渠，另一条则是长约 3 千米、波浪式顶棚的高科技走廊。"面"则是由不同形状的绿地、铺地和水面构成，它提供了休闲、集会和运动等多种活动环境。点、线、面三种体系交叉、重叠在一起，产生一种"偶然""巧合""不连续""不协调"的状态，从而突破了传统的设计。对于拉维莱特公园屈米的解释是"城市发生器"（Urban Generator），这或许正是解构主义的最大价值。（图 2-122 ~ 图 2-125）

图 2-122

图 2-123

图 2-124

图 2-125

第 3 章

环境设计的基本
理论与设计原则

3.1 环境设计的基础理论

3.1.1 环境行为心理学

（1）环境心理学

以往人们研究、探讨问题，经常会把人和物、人和环境割裂开来而孤立地对待，认为人就是人，物就是物，环境也就是环境，或者是单纯地以人去适应物和环境对人们提出要求。而现代环境设计日益重视人与物和环境间的关系。因此，环境设计除了依然十分重视视觉环境的设计外，对物理环境、生理环境以及心理环境的研究和设计也已予以高度重视，并开始运用到设计实践中去。那么，环境心理学就应运而生。

环境心理学是一门最近数十年发展起来的新兴综合性学科，是研究环境与人的行为之间相互关系的学科，着重从心理学和行为的角度探讨人与环境的优化，什么样的环境最能使人感到舒适，在进行环境设计时应以人为本，充分考虑人的需要，创造人性化的生活环境设计。环境心理学与多门学科，如医学、心理学、社会学、人体工程学、人类学、生态学以及城市规划学、建筑学等学科关系密切。

环境心理学非常重视生活于人工环境中人们的心理倾向，把选择环境与创建环境相结合，着重研究下列问题：环境和行为的关系；环境的认知；环境和空间的利用；环境感知和评价。

如前所述，环境即为"周围的境况"，相对于人而言，环境可以说是围绕着人们，并对人们的行为产生一定影响的外界事物。环境本身具有一定的模式和结构，可以认为环境是一系列有关的多种元素和人的关系的综合。人们既可以使外界事物产生变化，而这些变化了的事物，又会反过来对行为主体的人产生影响。例如人们设计创造了简洁、有序的室内办公环境，相应地环境也能使在这一氛围中工作的人们有良好的心理感受，能诱导人们更为文明、更为有效地进行工作。

环境心理学则是以心理学的方法对环境进行探讨，即在人与环境之间是"以人为本"，从人的心理特征来考虑研究环境设计问题，从而使我们对人与环境的关系、对怎样创造人工环境，都应具有新的更为科学的认识。

（2）人的空间行为

建筑空间就是以人为本，"建筑的灵魂是空间，空间的主角是人"，而人在空间中的活动行为直接影响到空间的设计，人们在空间中的活动行为是有一定规律及特性的，即存在一定的行为模式，而在这种行为模式下的空间应该具备怎样的关系，怎么设计空间才能满足使用者复杂的行为要求，需要更多地考虑空间中使用者行走的路径及行为的尺度情况，来决定空间的组织及形态，从而更好地服务于使用者。

当人们在相应的空间中活动时，一些心理特征会造成对空间的心理需求，尽管个体行为与心理会存在差异，但从整体上来看，仍然具有共性。总的来说，使用者对空间的心理需求包含以下方面。

私密性，是保障了人们可以在空间中自由地表现自己，与他人保持一定的空间屏蔽隔阂，这种隔阂手段可以是封闭式，可以是半封闭式，也可以是开放式，它主要是能给使用者一种心理上的自由。

领域性，是要求空间给予使用者一种特定的空间范围，它不仅仅要有私密感，更注重能够拥有个人占有支配的私人空间，更能体现人对环境的主观控制。

安全性，人们往往喜欢所有依托、安全感高的空间区域，不愿意将自己暴露在别人的视线中央，因此愿意选择开阔视野及自我防卫的地点和就位，比如靠墙、台阶、座椅、树旁、阴角、廊下等是使用者停留时的主要选择意向。

沟通性，人们虽然需要私密性、领域感和安全性，但是人与人之间更需要交流，为此或主动或被动的沟通交流也是必要的，人们通过聚集到一起，自发地进行交流或一起从事某项活动。

从众性，是人在心理上的一种归属感的表现，人们总是选择趋向众人聚集的地方，会给他们一种安全感，因此在这种人群密集的情况下，空间的交通导向就会变得十分重要，发生紧急状况时，有效的空间引导可以合理控制人群流向。

网络性，人在空间中是按社会的交往网络分布的。以家庭为原点，与工作、饮食、购物、娱乐、交往场所之间编织成社会之网。往来穿梭，相互交织。

循环性，周而复始，往复循环，上班从家出发到工作单位，下班从工作单位又回家，日复一日的重复。

类聚性，人向人群密集的地方集中，形成各种活动的中心。或以兴趣群集合起来的人群。志同道合者相聚，趣味不投者分离。

阵发性，人随着活动内容的开始而集聚，随着活动内容的终结而离散，并受时间、季相、气候变化的影响，产生周期性、阵发性的变化。

趋光性，是人的本能，光带给人以希望，可以增加人们的安全感，人在黑暗中都具有选择光明的趋向，因此，也具备一定的指向作用，在空间中对光的利用也会成为一种引导的方式，根据光线设定的走向，人们可以找到应有的行为路径。

在对空间进行设计时，在满足其基本的功能使用前提下，还应考虑到在使用者心理需求的基础上，主动给予使用者所需要的精神感受，体现其在精神上的要求。空间的尺度按照使用者的距离远近、大小及其心理上的环境感受可分为近人尺度、宜人尺度和超人尺度。近人空间尺度小，处于小尺度的空间的人对其环境氛围、家具陈设都有很强的掌控力，但空间稍显拥挤压抑；宜人空间的尺度最适合使用者长期停留使用，既有安全感，又不会有压迫感，更能给予人一种亲切自在的精神感受，超人空间则是要打造一种震撼大气、气势恢宏的空间氛围，给人以强烈的视觉感受，很多高档酒店的大堂空间就属于这种超人尺度空间。

空间，只有与人的行为发生关系，才具有实际意义。因为它单独存在时只是一种功能的载体，行为的诱因、信息的刺激要素和事件的一种媒介。行为，如果没有空间环境作为背景、场合、气氛和时空运动的条件，也是孤掌难鸣。因为动因与诱因，刺激与反应，内因与外因，条件与根据总是相伴而生的。空间与行为相结合，才能构成一种行为的场所。为此人在空间中还有如下特质。

a. 活动的性质

有直接目标的功能性活动，如学习、工作、饮食、文体等活动内容。也称作必要性活动。

有间接目标的准功能性活动，如属于半功能性的，为某种功能目标作准备，依附于某种功能目标而存在，诸如购物、参观、看展览等活动内容。这种活动亦属于必要性活动，但带有一种可选择性和可改变性。

自主性和自发性活动，即无固定的目标、线路、次序和时间的限制，而由主体随当时的时空条件的变化和心态，即兴发挥，随机选择所产生的行为，如散步、游览、休息等活动。

社会性活动，即行为主体不是单凭自己意志支配行为，而是借助于他人参与下所发生的双边活动。如儿童游戏、打招呼、交谈及其他社交活动。

社会性活动，是个人与他人发生相互联系的桥梁，形式多样，种类繁多，可发生在各种场合，如家庭宅院、街道、工作场所、车站及一切公共场所。它是具有与以上几种活动同时发生的"连锁性"活动。人们在有人活动的空间中，只要有意参与就会引发出各种社会性活动。

b. 活动的方式

按活动的形式可分为运行（表现于路径中）和场所（在某一活动范围中）两种行为。按行为的动因可分为主动行为（属于功能性必要的行为）和被动行为（随客观影响诱发出的潜在动机和借助于他人的诱导产生的随机性行为）。

有的行为是以个体存在的形式出现，有的则以群体存在的形式出现。其活动的形态，仍有动与静之分。不同的活动方式，对空间有不同的要求。

c. 社会交往活动

人的社会交往，是人的本质所决定的，人的一切社会属性不是与生俱来的，是依靠社会实践衍生而来的，认知、情感、意志、文化都来自于社会。

公共性交往，一般是指集体参加一种活动，交往的双方没有具体的对象，具有随机组合和被动参与的特点，如听讲演，一同做游戏，围观某一活动等。

社会性交往，通常是指由于某种事件关联，甲乙双方发生直接的社交联系，如谈话、签约、购销等活动。

亲密性交往，最熟识的朋友和亲属间的交往，相互间彼此认同，空间距离相对缩短，伴之以情感的交、身体的形态表情等。

个人独处，是一种保留隐私权，具有自我防卫性，免受他人干扰的私密性活动。

综上，在进行环境设计时，设计师必须悉心地了解人在空间中的行为心理，才能更好地进行设计，满足人的功能需求和精神需求。（图 3-1 ~ 图 3-5）

必要性活动

自发性活动

图 3-1（上）
图 3-2（中）
图 3-3（下）

社会性活动

图 3-4   图 3-5

3.1.2 环境美学

（1）环境美学含义

美学属于哲学领域的一个分支学科。它研究我们鉴赏事物的能力，这些事物影响我们的感官，特别是以一种令人愉悦的方式影响我们的感官。如此说来，它通常集中研究艺术。在传统的意义上，人们之所以从事艺术作品的创造，就是旨在愉悦我们的感官。然而，我们的审美鉴赏能力却不局限于艺术，而是直接指向整个世界。我们不但鉴赏艺术，而且鉴赏自然，比如宽广的地平线、灿烂的夕阳和巍然屹立的群山。所以，一种环境美学应运而生，审美鉴赏涵盖了我们周围的整个世界，即我们的生存环境。审美鉴赏也就构成了环境美学的主题。

因此，就环境美学来说，主要是从美学的角度对环境做出新的考察和鉴赏，在理论和实践的层面揭示出环境的美学的意义与价值。从总体上看，环境美学主要是从美学的视野去观照环境。

（2）环境美学的范围

环境美学的主题从原始自然向人工环境延展，在这系列之中，环境美学关注的对象从荒野延伸到乡村景观，继而延伸到城市景观。因而，在环境美学的系谱中有很多不同的种类，比如自然美学、景观美学、城市景观美学，当然还包括建筑美学和城市设计美学。

环境的范围即方圆大小，依据于此就可以描述环境美学的范围。许多环境是审美鉴赏的典型对象，尤其是那些环绕我们、有可能吞没我们的环境是非常广阔的：一片古老而稠密的森林、一望无际的麦地、一座大城市的市区。环境美学也关注更小更亲近的环境。比如我们的庭院、办公室以及居室。

尽管环境美学具有广阔的范围，贯穿于这个领域的范围是一切自然的、乡村的、城市的、大的或小的，都为我们提供了许多视觉、听觉以及各种感官感受的对象，提供了审美鉴赏的种种对象。简而言之，整个世界千差万别的环境，就像艺术作品一样在审美上不仅丰富而且有益。

（3）环境美学的特征

同环境艺术这一学科一样，环境美学呈现出一种跨学科的特征。这种跨学科的介入首先从美学、环境设计、哲学和人类学等交叉学科开始，随后它涉及哲学、文化人类学、建筑学、规划学、景观设计学、文化地理学、环境设计和心理学等领域。另外，在艺术领域，环境艺术家、作曲家、剧作家、摄影师和电影导演都表达了对环境的感知体验，从而提出许多新问题。环境美学作为一门跨学科的学科，具有独特的概念、范畴和主题。不同学科的多侧面、多角度、多层面的透视，给环境美学带来不同的描述形态。这种交叉学科的特征并非环境美学一诞生就呈现出来，而是因为不同领域的学者对环境美学的共同探讨才导致这一结果。正是多学科的介入，环境美学才得到进一步的深化与拓展，创生出不同的理论模式，也就是说，环境美学逐渐建构起学科的系谱。也正是不同学科的介入，以及引入一些相关概念，从而阐释、建构环境美学。

从环境的认识和体验上看，环境美学作为一门边缘学科，它在不同的学科中汲取营养。环境美学既有感性的直观与体验，又有理性的认识和反省。环境是一个不断变化的背景，对于感知和实践来说，它处在不断变换的语境之中。在这一方面，它与艺术的感知和鉴赏存在相似性与差异。环境美学的建构不是基于环境的伦理判断，但是与环境的伦理观念密切相关；环境美学也不是建立在环境的科学研究与逻辑的判断上，尽管环境科学也是美学研究的参照系，环境科学为环境美学提供反思的现实平台。环境美学基于环境的审美判断，这种判断与人的情感有关，既有个体的特殊性，又有人类情感的普遍性。环境美学表达了个体的生存状态与情感状态，既有"悦耳悦目"的感官体验，又有"悦心悦意"的情感体验，更有"悦志悦神"的心灵体验。

　　环境美学的目标在于寻找一种适合人类的生存方式和生存途径，一种理想化的环境与人的生活相互协调发展的文化模式与生活模式。这种普遍性的价值观正是环境美学的内在追求。（图 3-6 ~ 图 3-8）

图 3-6　　　　　　　　　图 3-7　　　　　　　　　图 3-8

3.1.3 环境生态学

环境生态学是一门新兴的渗透性很强的边缘学科。是运用环境生态学的原理和方法来认识、分析和研究城市生态系统及城市环境的问题。它是研究在人类干扰条件下，生态系统内在变化机理、规律和对人类的反效应，寻求受损生态系统的恢复、重建及保护生态对策的科学，是运用生态学的原理，阐明人类对环境影响及解决环境问题的生态途径的科学。

我们对于生态学的理解大致分为以下几个阶段。开始，生态学只有生物学意义，意指一种特殊环境中、生物群落的相互依赖；后来，生态学扩大为解释人类及其文化环境关系的概念。影响一个生态系统复杂关系的因素很多，除了物理条件之外，还有社会的、文化的、政治的、法律和经济的。因此，人类生态学研究已经开始包括所有这些因素。这种扩大了的生态学视野具有特殊的重要性。它使我们认识到，人类并非站立于自然之外而静观、使用和探索自然。在此意义上，人类被视为自然世界的组成部分；与其他物种一样，人类也完全地被包容在同一个生态系统之中。生态系统有着范围大小之别，小到一个独特地方区域，大到整个地球行星。

环境是一个涵纳包容一切的背景，人类在其中与自然力量和其他有机、无机对象紧密地相互依赖。但是，长期以来，人们却难以接受这一观念。这一观念不仅仅适用于人口数量持续地迅速减少的乡村环境，它同样适用于城市环境。当前，世界越来越多的人口居住在城市环境中。这促使我们在观念上重视城市生态，在观念上重视将城市区域视为一个生态系统。像一般生态系统一样，城市区域生态系统同样具有各种相互依赖的、从最简单的到最复杂的物体和有机体。

当前，世界正处于一个快速发展的阶段，生态理解可以与近代以前的科学观念进行竞争。实际上，生态理解的核心是一场观念革命。如果我们把生态理解带到环境这一概念中，我们将发现：作为人类，我们不仅仅完全地被包裹在一个环境联合体之中，而且，我们是这个环境联合体不可分割的一部分。因此，我们必须用与以前根本不同的方式来思考环境，特别是来思考人类生活。

生物学采取生态学模型具有普遍性，没有有机体能够独立于它所存在的生态系统而生存。这一点同样适用于人类有机体。生态学模型使我们认识到：人类是一种自然存在，与自然中的其他部分处于连续性之中。达尔文的进化论、经过充分论证的生态学理论等，都强有力地支持着这种观念。沿着人类生态学的路线，将生态学模式从生物学扩展到社会和文化只不过是一小步。与其他任何物种相比，人类的存亡和昌盛或许主要借助于我们的社会组织活动，而这些都是人类生态系统的主要组成部分。

城市作为人类的聚居地，是当地政治、经济、科学、军事和文化的中心。它是一个以人类为中心的人工生态系统。那么城市环境生态学是研究城市人类活动与城市环境之间相互关系的学科，是以生态学的理论和方法研究城市的结构、功能和动态调控的一门学科。

图 3-9   图 3-10

它既是生态学的重要分支，又是人类学的下属学科，还是城市科学的重要组成部分。城市
生态环境学主要包括以下几方面：城市的地质地貌；城市气候、水文及水质；城市植被、
城市生物、城市景观、绿地及生态环境效应；城市环境污染；城市生态环境管理与环境管
理及城市环境质量评价及城市环境美学质量评价等。（图 3-9、图 3-10）

3.1.4 人体工程学

（1）人体工程学

人体工程学，也称人类工程学或工效学。即探讨人们在生产劳动、工作效果、效能方
面的规律性。人体工程学起源于 20 世纪 40 年代的欧美，在工业社会中，大量生产和使用

机械设施设备的情况下，探求人与机械之间的协调关系，作为独立学科已有 70 余年的历史。第二次世界大战中的军事科学技术，开始运用人体工程学的原理和方法，在坦克、飞机的内舱设计中，研究如何使人在舱内有效地操作和战斗，并尽可能使人长时间地在小空间内减少疲劳，即人、机和环境的协调关系。第二次世界大战后，各国把人体工程学的实践和研究成果，迅速有效地运用到空间技术、工业生产、建筑及室内设计中去，1960 年创建了国际人体工程学协会。及至当今，社会发展向后工业社会、信息社会过渡，重视"以人为本"，为人服务，人体工程学强调从人自身出发，在以人为主体的前提下研究人们衣、食、住、行以及一切生活、生产活动中综合分析的新思路。日本千叶大学小原教授认为：人体工程学是探知人体的工作能力及其极限，从而使人们所从事的工作趋向适应人体解剖学、生理学、心理学的各种特征。

人体工程学运用到环境设计，其含义为：以人为主体，运用相关手段和方法，研究人体结构功能、心理、力学等方面与环境之间的合理协调关系，以适合人的身心活动要求，取得最佳的使用效能，其目标应是安全、健康、高效能和舒适。

（2）人体工程学的基础数据和计测手段

人体基础数据主要有下列三个方面，即有关人体构造、人体尺度以及人体的动作域等的有关数据。人体构造与人体工程学关系最紧密的是运动系统中的骨骼、关节和肌肉，这三部分在神经系统支配下，使人体各部分完成一系列的运动。骨骼由颅骨、躯干骨、四肢骨三部分组成，脊柱可完成多种运动，是人体的支柱，关节起骨间连接且能活动的作用，肌肉中的骨骼肌受神经系统指挥收缩或舒张，使人体各部分协调动作。人体动作域是指在空间中各种工作和生活活动范围的大小，它是确定室内空间尺度的重要依据因素之一。以各种计测方法测定的人体动作域，也是人体工程学研究的基础数据。如果说人体尺度是静态的、相对固定的数据，人体动作域的尺度则为动态的，其动态尺度与活动情景状态有关。在进行环境设计时人体尺度具体数据尺寸的选用，应考虑在不同空间与围护的状态下，人们动作和活动的安全，以及对大多数人的适宜尺寸，并强调其中以安全为前提。例如：对门洞高度、楼梯通行净高、栏杆扶手高度等，应取男性人体高度的上限，并适当加以人体动态时的余量进行设计；对踏步高度、上搁板或挂钩高度等，应按女性人体的平均高度进行设计。

（3）人体工程学在环境设计中的应用

确定人和人体在环境中活动所需空间的主要依据是根据人体工程学中的有关计测数据，从人的尺度、动作域、心理空间以及人际交往的空间等方面来确定空间范围。确定家具、设施的形体、尺度及其使用范围的主要依据是家具设施为人所使用，因此它们的形体、尺度及其使用范围必须以人体尺度为主要依据；同时，人们为了使用这些家具和设施，其周围必须留有活动和使用的最小空间，这些要求都由人体工程学予以解决。环境空间设计应提供适应人体的物理环境的最佳参数：室内物理环境主要有室内热环境、声环境、光环境、重力环境、辐射环境等，在进行室内设计时有了上述科学的参数后，就可能做出正确的决

图 3-11   图 3-12

策。对视觉要素的计测为室内视觉环境设计提供科学依据：人眼的视力、视野、光觉、色觉是视觉的要素，人体工程学通过计测得到的数据，为室内光照设计、室内色彩设计、视觉最佳区域的设定等提供了科学的依据。（图 3-11）

3.2 环境空间形态设计基础

3.2.1 空间的含义

（1）空间的概念

"空间"这个词汇，它可以有多种不同的理解。广义地讲是指我们生活着的地球表面之上的空域，即"天空"，以及大气层之外脱离地球甚至太阳引力场影响的"宇宙空间"。狭义地看，可以指自然物或者人造物内外的空域所在，也可以指一个物体之中或者多个物体之间的空隙和间隔。

空间的意义，首先从中文字面来理解，所谓"空"就是能够容纳物质的一种物质，"间"指在有限范围中的间隔，这种间隔就是有限的空间。《辞海》中的解释是"物质存在的一种形式，是物质存在的广延性和伸张性的表现……"。空间是无限和有限的统一，就宇宙而言，空间是无限的；就每一个具体的个别事物而言，则是有限的。由此看来，空间同木材、石头一样也是一种客观物质，但它是不定形的物质。

作为物理学的基本概念，空间是"被物体占有或者充实着，也可以是不被任何物体充实而空置着的。换言之，每一个具体的物体总是占着一部分空间区域，而其余的空间区域对它来说是空的"。（图 3-12）

（2）空间的形成

如上所述，空间是一种无形的且迷漫扩散的一种客观物质存在，然而在空间中，一旦放置了一个或若干个物体，马上就会建立起一种关系，这就是物体与物体、物体与空间的关系，空间由此而形成，就这样为我们所察觉。这里可以看出要把无限的空间变成有限的空间，就必须进行物理性实体限制，通过限制才能从无限中构成有限，使无形化为有形。（图 3-13、图 3-14）

（3）空间的作用

"埏埴以为器，当其无，有器之用；凿户牖以为室，当其无，有室之用，故有之以为利，无之以为用"。中国古代哲学家老子的这句名言十分精辟地论述了实体与空间的关系，并道破了空间的真正意义。在老子看来"室"之有"无"才成其为室。"无"在这里指空间。空间是依实体而存在的，实体确立、划分自然空间的结果就是人为空间，那么以建筑方式确立建筑实体的目的，就是形成实体所围合的区域——室内空间。（图 3-15）

（4）空间的维度

通常理解的空间形态要素是点、线、面、体，欧式几何将点看做是零维，直线看做是一维空间，平面看做是二维空间，体看做是三维空间。实体有长、宽、高三种维度，同样空间也存在着上下、前后、左右这三个互相正交垂直的基本方向，即笛卡尔坐标系表示的 X、Y、Z 三维空间。（图 3-16、图 3-17）

图 3-13

图 3-14

图 3-15

图 3-16   图 3-17

爱因斯坦在相对论中引进了时间作为第四维空间，这是因为从人的感知来看，对空间的认知必须经由多视点的观察过程才能完成，多视点的观察必须借助时间，这是因为时间包含着它本身特有的与空间完全不同的一种维度——流逝与连续性，只有加上这种特性才可以描绘出空间的真实，空间也因时间而获得活力。所以在三维空间中纳入时间的流程变成具有流动性质的四维时空。

3.2.2　空间形态的构成

（1）实体形态的构成

为了更明确地理解空间形态的构成，我们首先需要了解实体形态的要素及其构成。实体的形态是以点、线、面、体等四种基本要素组成，这些实体的要素限制着空间，并决定着空间的形象和性质。

任何实体形态都可以看成由点、线、面、体构成，点、线、面、体不仅是形态中的概念要素，同时也是环境设计语汇中的视觉要素。点，是形态中的原生要素，其在数学上的意义是"只有位置而无大小"，说明它在形态中仅表示一个位置；线，点的移动形成一条线，面的交界处也产生线，其表示位置，还表明长度和方向，线的形态不仅有直线，还有曲线，曲线还可分有几何曲线、有机曲线和自由曲线；面，一条线展开形成一个面，也可以看成体的边界面，其不仅有长度还有宽度，进而产生形状，面同样也可以分为平面、斜面和曲面等形态；体，一个面展开形成一个体，体除长度、宽度外还有深度，是占有空间的三维实体，体可以是规则的几何形体，也可以是不规则的自由体。

实体形态之间的关系，简单地说，可以分为叠加、削减和变形三种形式。叠加，是把一种或多种形态添加到另外一种或多种形态上而构成的，是形态的汇集和群化；削减，是把一个整体形态割出去一部分体积，以产生凹入的形态，也可以把切割出来的体积作各种位移或变化，从而赋予形态以不同的形象；变形，是将形态进行变形和异化，如进行卷曲、扭转、挤压等使形态力发生变化，从而形成各种新的形态。（图 3-18 ~ 图 3-23）

图 3-18

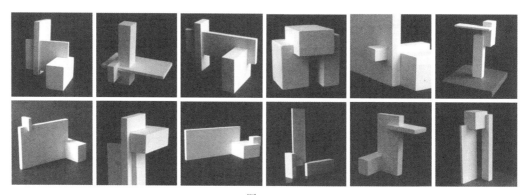

图 3-19

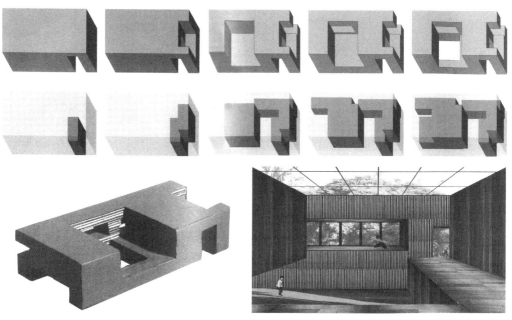

图 3-20

图 3-21

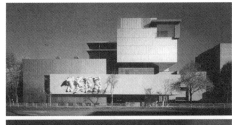

图 3-22　　　　　　　　　　　　　　图 3-23

（2）空间形态的构成

同实体形态相对应，空间形态的基本要素同样可以理解为点、线、面、体，只不过这种要素并不是实体，而是虚的点、虚的线、虚的面和虚的体。

这里的虚是相对于实体的存在对比，即由实体的形所暗示。虚的点，可以是实体形态中的凹洞，也可以是几何空间的几何中心或轴线的相交点；虚的线，空间中的轴线，实体形态的对位线，以及光带都可以看做是虚的线；虚的面，实体与实体之间的间隙、密集的点或线所造成面的感觉，都可以理解成虚面；虚的体，实际就是内空体，是一种具有容积感的虚空，它有一定边界的限制，事实上室内空间就是虚的体。

叠加、削减和变形等实体形态的关系在空间形态中同样存在，但也有空间形态特有的表现关系特征。（图 3-24 ~ 图 3-26）

（3）实体形态与空间形态的关系

平面中的图形称为图，图形周围的背景称为底，图与底的关系容易产生互相交换，这种互换的现象就是"图与底"的关系。同样道理，用来限制空间的实体与被限制的空间即是一种"图与底"的关系。室内空间与空间中的物体也是这种关系，如一组沙发被放置在一个房间中，沙发不仅占据了空间，它也在其周围的包容物之间建立起一种空间关系，这就是作为正实体的沙发同作为负空间的室内虚空形成的一种"图与底"。即可以理解为沙发是图，减缺沙发后的内空体就是底。"图与底"是空间中正与负、有与无、实与空的转换关系。（图 3-27）

图 3-24

图 3-25

图 3-26　　　　　　　　　　　　　图 3-27

3.2.3　空间形态的限定

作为一种存在的物质，空间本身是无限的，也是没有形态的，但是由于有了实体的限定，才使其形态化。

（1）水平方向的限定

a. 抬起和上凸，是指所形成的空间高出周围水平的地面，在其边缘形成一个垂直的表面，从而从视觉上使凸起的范围与周围产生分离。

b. 下沉和凹进，与凸起相对，即指形成的空间低于周围水平的地面，能利用下沉的垂直面限定出一个凹进的空间。

c. 覆盖和顶面，运用顶面和地面之间可以限定出一个空间体积，这种空间限定方式可以说是室内空间同室外空间的主要区别。（图 3-28、图 3-29）

（2）垂直方向的限定

a. 设立，是指通过物体在空间中的设置，从而限定其周围局部的空间，即在设置物体的周围形成一种环形空间。

b. 围合，是指运用垂直的面对空间进行围合，是空间限定最典型的形式。（图 3-30）

图 3-28

图 3-29　　　　　　　　　　　　　　　　　图 3-30

3.2.4　环境空间的类型

（1）开敞空间

开敞空间是外向性的，限定度和私密性较小，强调与周围环境的交流、渗透，与自然环境或周围空间的融合。空间开敞的程度取决于有无侧界面、侧界面的围合程度、开洞的大小及启闭的控制能力等。

（2）封闭空间

用限定性比较高的维护实体（承重墙、轻体隔墙等）把空间包围起来的，无论是视觉、听觉都有很强的隔离性的空间称为封闭空间。其特点是内向的、拒绝性的，具有很强的领域感、安全感和私密性。与周围环境的流动性较差。当然，随着维护实体限定性的降低，封闭性也会相应减弱，而与周围环境的渗透性相对增加。

（3）虚拟空间

其范围没有十分明确的隔离形态，也缺乏较强的限定度，只是靠部分形体或设施的暗示，依靠联想和"视觉完形"来划定的空间，所以又称"象征性心理空间"。虚拟空间可以借助各种隔断、家具、陈设、绿化、水体、照明、色彩、材质、结构构件及改变标高等因素暗示提醒而形成。

（4）母子空间

即大空间中的小空间。母子空间是对空间的二次限定，是在原空间（母空间）中，用实体性或象征性手法再限定出的小空间（子空间）。子空间特点是既有一定的领域感和私密性，又与大空间有相当的沟通交流。

（5）共享空间

其往往处于大型公共建筑内的公共活动中心和交通枢纽，一般有一个主体空间，例如一个中庭并含有多个楼层共享或多个子空间共享。这些空间具有综合性和灵活性。它的空间处理是大中有小，小中见大，空间相互穿插交错，极富流动性。

（6）交错空间

现代的空间设计，人们已不满足于封闭规整的六面体和简单的层次划分，而是在设计上形成空间的穿插交错，交融渗透，多种复合，追求变化莫测，富有情趣，给人以意想不到的惊喜。

（7）不定空间

指空间界限模糊不确定，即模糊空间，也称"灰空间"。是一种空间属性既可隶属于此又可隶属于彼，或者说是既非此又非彼的中介状态，兼具公共与私密、开放与封闭、室内与室外的不定性。空间的界限并不明确，是超越绝对形式或功能的，在围合与透空之间具有空间渗透性的中性空间。

（8）序列空间

"序列"可以简单地理解为按一定的次序排列。序列空间是由若干单元空间先后形成次序，逐个连接、相互联结成线型空间，形成一个序列组合。序列空间有一种明确的方向性，具有延续、伸展和运动的倾向，一般有起始、发展、高潮和收束等若干个阶段。空间序列中的渐进线型，可以是直线也可以是折线或曲线等。

（9）静态空间

其空间的限定性比较强，通常为封闭型，容易形成安定平静的视觉效果。常以对称、向心、均衡等手法进行设计，比例适度、色彩明快、光线柔和。造型简洁平稳，没有能引发强制性的视觉导向。

（10）动态空间

所谓的动态空间，并不局限于人和物产生相对位移的"真动"，例如利用机械化、电气化、自动化的设施如电梯、自动扶梯、旋转地面、可调节的围护面等，同时还包括所表现的一种力的倾向性运动，一种势态，一种引起视觉上的张力运动，即"似动"。（图 3–31 ~ 图 3–35）

图 3–31

图 3–32

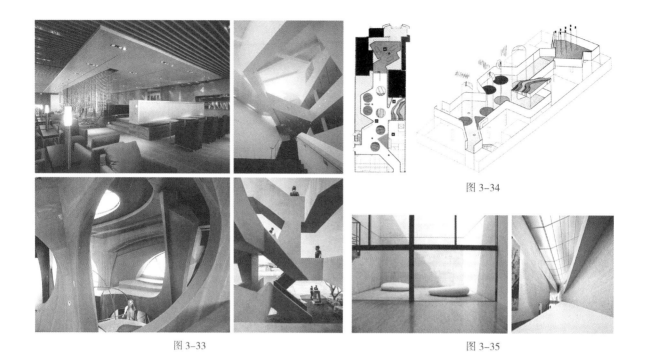

图 3-34

图 3-33

图 3-35

3.3   环境设计的形式法则

3.3.1   形式美原则

统一变化规律是形式美规律中应遵循的最基本的规律。它包含统一的原理，也包含变化的原理，两者相辅相成。

统一即是有序，它使部分结为整体，形成因素相同或相似的有利于表现整体的统一感。在人类的视知觉活动中，具有将感知对象组织和简化的倾向。格式塔心理学表明："当一种简单规律的形式呈现于眼前时，人们会感知到极为舒服和平静，因为这样的图形与知觉追求的简化是一致的，它们绝对不会使知觉活动受阻，也不会引起任何的紧张和憋闷的感受"。在建空间设计中，为了追求整体效果和风格的统一，可以使用相同或相似的形状、色彩、材质以及图案等。同时，在进行设计时相同因素的过多使用也会使人产生单调感。实践证明，过于简单和规则的形态是没有多大吸引力的，而那些复杂的、不规则的图形则会引起人的强烈注意和好奇心。因此，在进行设计创作时，在统一的前提下应该有一些变化，包括材质的变化、色彩的变化、形状的变化等。这种变化反映出设计的丰富性和趣味性。

因此，统一与变化两者缺一不可。统一给人带来平静、稳定、规整的感受，而变化会引起人的兴奋感，更具趣味和刺激性。一个好的空间设计应该是统一中有变化，变化中有统一，既不显得单调，也不显得混乱，既有起伏变化，又有协调统一。

3.3.2　空间的秩序

　　作为理性的人类，本能地向往秩序。空间组合形式多姿多彩、变化万千，有诸多的形态。秩序，是影响和操控事物内部各个要素的存在形式、组织与结构，是使事物受到和谐、有规则的安排或布置的意志体现。空间秩序则是环境空间所呈现出来的一种和谐、有规律的结构形式。设计具有秩序的空间结构要在设计时表现出有层次、有序列、整体化的空间形式，也就决定了它要遵从一定的形态要素和造型原则。空间形态中有秩序而无变化，则单调乏味；如有变化而无秩序则杂乱无章。那么空间秩序的基本原则可以归纳为轴线、均衡、韵律和对位，这些基本的空间视觉手段能使各种形式和空间，在感性和概念上共存于一个有秩序的、富有逻辑的统一整体之中。

　　（1）轴线

　　轴线是空间组合中最基本的方法，空间中的两点连接成一条线，以此线为轴将空间与形式呈规则或不规则的排列。在空间中，虽然轴并不能被察觉，但它却是控制整体的手段。轴线的原则有两种方式：一种是沿一条轴线或一个点来布局相同空间形态的对称组合形式；另一种是围绕轴线布置成不规则空间形态的非对称组合形式。其中前者对称组合形式往往要求沿中轴线完全对应的关系，而其适用范围由于功能的因素受到较大的制约；后者的非对称形式却比较自由灵活。

　　（2）均衡

　　均衡原则表现为统一中的差异，是一致与不一致的结合。均衡是空间构图中左右、上下、前后之间的联系能够保持视觉上的平衡。均衡可分为重力均衡和对比均衡。重力均衡是指在体积、大小、形状和位置上不一定对等，像天秤一样不是靠等距离、等重量的平衡，而是轻重远近相称。对比均衡是指把差异的形态用对立的手法表现出来，使它们在相互反衬中更加鲜明突出，从而形成对比。

　　（3）韵律

　　韵律是指形态有规律地重复或变化，其基本手段是重复和再现，通过反复出现表达出一种统一的节奏感。韵律原则分为连续韵律和交错韵律。连续韵律是以一种或几种形态要素连续重复排列，各要素之间保持不变的关系和距离。交错韵律是指形态依据一定规律交替穿插变化要素，使空间视觉形象呈现出一种具有起伏性的节奏变化。

　　（4）对位

　　对位是指空间在构图中遵循一条基准参考线、面或体，来作为一种有效的组织秩序手段，这样能够将各个空间有效地组织起来，便空间序列更趋向秩序性，空间关系也明晰有序。对位以线、面、体等方式将一组随意的、不同的要素自由组合统一起来。一条直线可以成为若干形态的轴线或边缘，面可以将若干形态聚集在它的范围内，体也可以将若干形态控制在它的领域内。（图 3-36 ～图 3-39）

图 3-36

图 3-37

图 3-38（左）
图 3-39（右）

3.4 环境设计的思考与设计方法

3.4.1 方案构思

（1）任务解读

任务解读就是充分了解设计的建设背景、性质规模、业主要求等。具体包括项目位置、场地现状、使用性质、控制规模、交通情况、规划建设用地面积等条件，相关法律法规、条例规定、设计标准等设计依据，以及业主关于设计的各种具体设计要求。

在分析任务要求后，整理出一些设计上应达成的目标与设计时应遵循的原则。

（2）项目调研

一方面是设计师亲赴现场对项目现状条件进行充分了解。如果是景观环境设计应主要包括地形、地势、方位、风向、湿度、土壤、雨量、温度、风力、日照、基地面积等自然条件，以及基地日照、周围景观、建筑造型、交通组织、维护管理等内容；如果是室内环境设计应主要了解建筑的结构、材料、空间、原有建筑功能、电气、给水排水、通风、消防、路径、动线等基础条件。另一方面也包括其他调研方法，诸如文献调研、问卷调研、访谈调研等。

（3）前期分析

调查分析是设计必不可少的环节，尽可能地从任务书与基地图纸中解读每一处信息，是开展设计的基础。通过解读任务书和项目调研，从中整理出各种主要的功能关系，在进入设计具体阶段时理清思路。既分析积极有利条件，也要分析限制条件和不利因素，哪些条件又能够转化成为有利因素等。事实上每一个项目的基础条件，不管是自然的或人为的都或多或少具有诸多制约因素，虽然带来一些限定条件，但也给设计提供了成功的机会。

（4）概念生成

概念是人们对事物本质的认识，是逻辑思维的基本单元和形式。最初的概念生成大多是依靠设计草图来完成的，草图是一种能快速完成且能捕捉到场地或理念本质的表达方式。它同时也是提出和交流设计思想的一种非常便捷的方法。设计时，通过草图在表达空间、功能、流线之间的联系方面也同样有效，特别是在方案设计前期，草图常常可以避开那些有可能会起到干扰作用的繁琐细节，并进一步把那些对设计有帮助的要素进行灵活运用，通过草图一步一步分析推导最终生成设计概念方案。

（5）设计推导

设计方案的形成不是一蹴而就的，而是通过不断的分析推导过程演变而来的。草图分析是设计初期阶段在对场地进行调查和分析的过程中绘制完善的。设计师可以通过绘制草图不断地对基础环境场地进行感知和理解，是一个对给定条件加以熟悉、感受和识别的过程。同时在设计的各个环节中都是有帮助的，它是分析和捕捉基础条件特征要素的最主要、最根本的工具。这些特征要素往往是多变且相互影响的。所以设计是在推演的不断形成、发展与完善中，在旧的概念向新的概念不断重组、转化和更新中实现的。

3.4.2 设计表达

一般包括正投影图、透视图、轴测图、模型制作以及设计动画制作等。

正投影图是反映场地或者物体真实情况的一种表现形式。正投影图通过成比例缩放来实现图画的绘制。正投影图的意义在于将三维的场地或物体转化为二维形式进行表达。平面图是表达水平方向的二维正投影图，相当于人的视点在场地或者物体的垂直上方所看到的景象。剖面图则是垂直方向的二维正投影图，剖面图可以准确地表现出被切割场地或物体的高度和宽度。

透视图是写实的三维图形，可以在表现场地景象、感受以及特征方面发挥重要的作用。

在大量的正投影图绘制完成之后，透视图就可以通过这些高精确度的技术制图方便地绘制而成。透视图有手绘和相关设计软件等各种表达方式，可以充分表现出设计方案的空间结构、比例尺度、色彩材质、风格样式和真实的氛围。

轴测图在展示设计三维立体空间方面，是非常真实而且便捷的方法。我们知道，平面图和剖面图有两个轴，分别为 X 轴和 Y 轴。轴测图则是在这个基础上再增加一个 Z 轴。在绘制的过程中，平面图应该按照一定的角度旋转与 Z 轴对应，然后，从平面图上各点引出的垂直线与 Z 轴相接，建立一个精确的三维立体图像。轴测图通常也被称为"鸟瞰图"。与平面图相类似，观察者的视点也是处于一个理想状态的虚拟位置上。

模型制作在设计过程中至关重要，它可以使设计师更方便地检验设计理念，而无需花费大量的时间和精力来建立真实尺度的原型。无论是最初的场地调查，还是最终的设计方案分析，模型制作在设计的各个阶段都起着重要的作用。在设计的初期阶段建立简单的轮廓模型十分有益。当然，模型制作需要谨慎的测量和计算以使模型的比例准确，这样设计师才能更好地检验其设计理念。

设计动画制作是指为表现设计以及相关活动所产生的动画影片。它通常利用计算机软件来表现设计师的意图，让观众体验建筑的空间感受。设计动画一般根据设计图纸在专业的计算机上制作出虚拟的空间环境，有地理位置、建筑物外观、建筑物内部装修、园林景观、配套设施、人物、动物、自然现象如风、雨、雷鸣、日出日落、阴晴圆缺等都动态地存在于环境空间中，可以以任意角度浏览。

当一个有相当规模的大项目最终完成时，需要一个极具表现力的模型来向客户和社会大众传达和展示设计方案，这时需要制作真实展示模型，而不是方案模型。展示模型的真实度和完成度都很高，当然，制作展示模型也是一件耗时耗力的事情。展示模型不仅需要在传达设计理念和比例尺度方面是完全准确的，而且还需要增加一些外在的效果或者灯光以增加模型的感染力。

3.4.3　图纸深化

为保证环境设计工程进入实施阶段，施工图图纸深化就是重要的工程实施依据。施工图应按国家制定的行业标准进行设计，提供完整的环境设计（包括景观环境设计和室内环境设计）施工所需的全部图纸及应达到可供施工的设计深度。施工图主要是通过图纸，把设计者的意图和全部设计结果表达出来，作为施工制作的依据，它是设计和施工工作的桥梁。施工图纸一般包括总平面图、分项平面图、竖向立面图、剖面图、大样详图等几个方面，具体景观环境设计和室内环境设计各有不同类型的图纸表达方式。一般含图纸目录，说明和必要的设备、材料表，并按照要求编制工程预算书。施工图设计文件，应满足设备材料采购、非标准设备制作和施工的需要。（图 3-40 ~ 图 3-59）

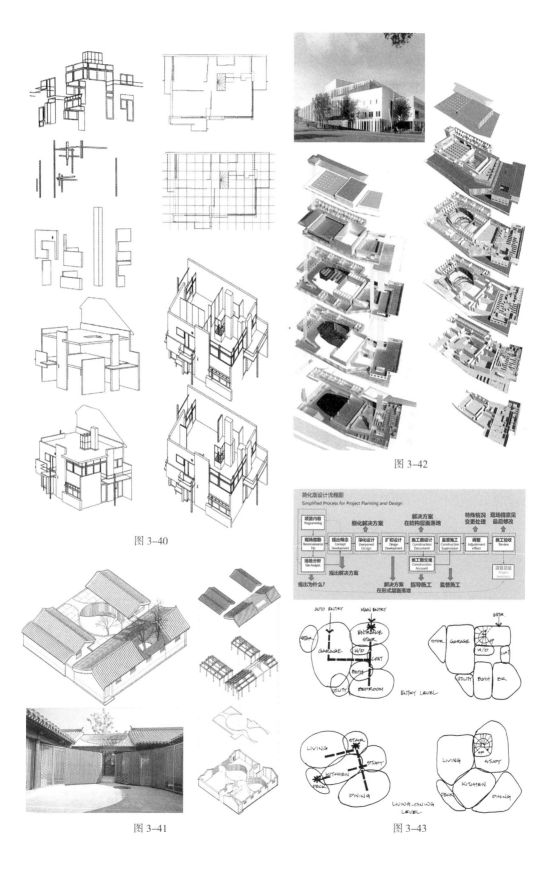

图 3-40

图 3-41

图 3-42

图 3-43

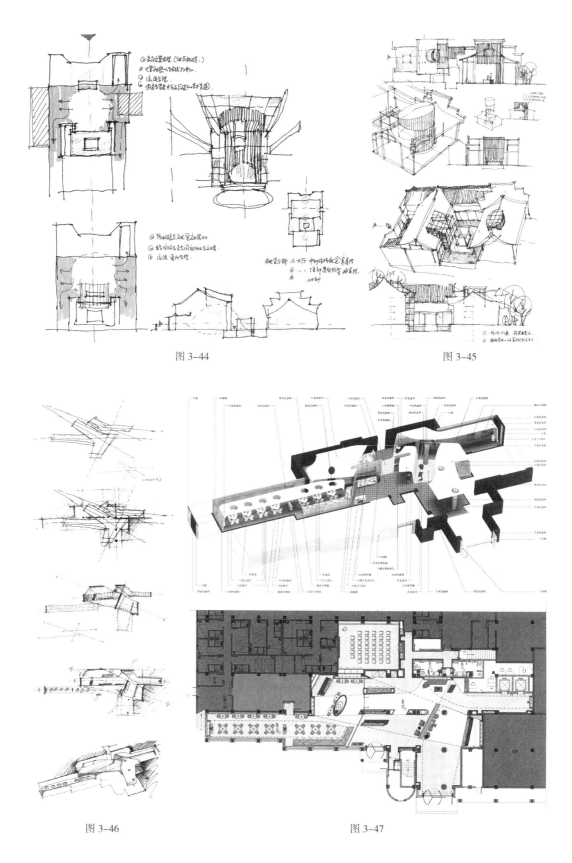

图 3-44

图 3-45

图 3-46

图 3-47

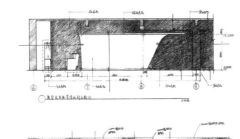

图 3-48

图 3-49

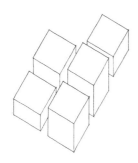
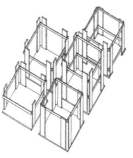
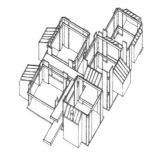

图 3-50

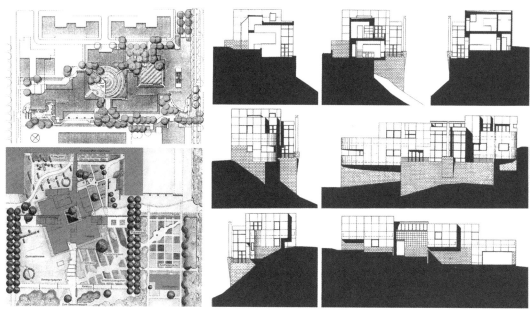

图 3-51   图 3-52

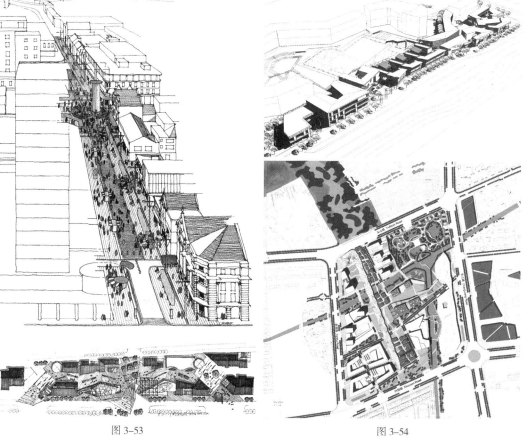

图 3-53   图 3-54

图 3-55

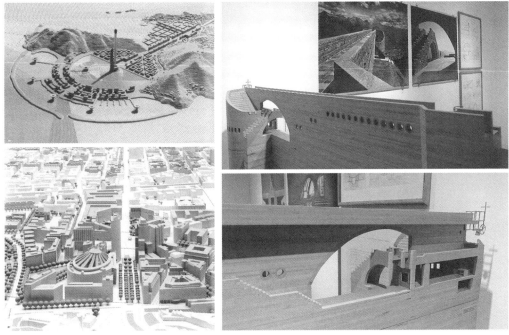

图 3-56　　　　　　　　　　　　　　　　图 3-57

图 3-58   图 3-59

3.5   环境设计的理念

尽管从 20 世纪末以来，世界建筑及环境设计呈现一种多元化的局面，尤其是经过国际主义的垄断，后现代主义和解构主义的冲击，但现代主义仍坚持理性和功能化，相对于其他流派逐渐衰退之时成为 20 世纪末建筑及环境设计发展的主流，并逐步加以提炼完善形成了新的发展趋向。环境设计未来的发展将继续坚持和发扬现代主义理性、功能的本质精神，但对其冷漠单调的形象进行不断的修正和改良，突破早期现代主义排斥装饰的极端做法，而走向一个重视生态化、强调科技化、突出人性化和提倡多元化的新阶段。

3.5.1   重视生态化

回溯以往，设计的目的都是为了满足人类的基本需求和享受，人们肆无忌惮地向大自然索取，使自然环境在很大程度上遭到了破坏，这就是人类为求得自身的发展而付出的惨重代价。当前，人们已经认识到设计已不单是解决人类自身的问题，还必须顾及自然环境，使人类的设计不仅能促进自身的发展，而且也能推动自然环境的改善和提高。

设计是连接精神文明与物质文明的桥梁，人类寄希望于通过设计来改造世界，改善环境，提高人类生存的生活质量。从构成世界三大要素的自然、人、社会这三个坐标体系出发，现代设计已从建筑设计拓展到环境设计，由"生存意识"进展到"环境意识"，正如加拿大建筑师埃利克森所说的："环境意识就是一种现代意识"。

可持续发展的思想早在 20 世纪 80 年代初就提出来了，然而能够被普遍接受的"可持续发展"的概念是由世界环境与发展委员会于 20 世纪 80 年代后期提出的。概括起来讲，可持续发展就是要把发展与环境结合起来，使经济发展的同时既满足当代人的需要，又不危害未来——子孙后代，满足他们未来的需求能力。因此，人口、经济、社会、资源和生态环境是讨论可持续发展时必然要面对的问题。要使一个国家走上可持续发展的道路，就是要处理好它们之间的关系，要使人口的适度增加、推动社会经济发展、合理开发利用资源和保护生态环境协调统一起来，并处理好局部与整体、眼前利益和长远利益，即当代人的权益和子孙后代的权益之间的关系。

国际上发达国家纷纷以绿色生态建筑或可持续发展建筑为主题制定相应的评价指标体系，其宗旨是在保护生态环境和节约各类资源的基础上，在建筑的各个环节（材料生产及运输、建造、使用、维修、改造、拆除）体现节约资源、减少污染，建筑环境的营造及空间的再创造过程都必须是可持续发展的，在保护环境、合理利用资源的前提下，努力寻求人、建筑、环境三者的和谐统一。

当今世界环境恶化，生态问题严重，深刻地影响了人类社会、经济、生活的各个层面。人们更关注生存与发展的方式，关注人居环境的城市与建筑的建设方式，由此而产生了生态建筑学。建立生态建筑意识，就是要以符合生态学的思想，认识人、建筑、社会与自然之间的相互联系与相互关系，树立一种新的建筑哲学世界观和方法论。

在节能设计方面充分利用自然资源，强调资源的再循环利用，也是现代主义环境设计的探索方向之一。在德国柏林国会大厦扩建工程中，皮亚诺设计了一个玻璃拱厅，使建筑向自然光和景观展开，拱顶的核心部分是一个覆盖着各种角度镜子的锥体，可以反射水平射入建筑内的光线，还有一个可移动的保护装置，可以随着太阳运行在轨道上移动，以防过热和耀眼的阳光辐射。拱顶同时包含有自然通风系统，建筑内部的空气因为烟囱效应而被导入拱顶，形成轴向的通风和采光，使空气得以流通和循环。

绿色设计是可持续发展的主导方向。所谓绿色设计，是指在设计中运用生态学的原理和方法，以人、建筑、自然和社会协调发展为目标，在现有条件下，争取对自然的最优关系，利用并有节制地改造自然，最大限度地减少环境污染，顺应并保护自然生态的平衡与和谐，寻求创造适宜于人类生存与发展的最佳途径和方法。如上所述，人绝大部分时间是在室内环境中度过的，为人们创造舒适优美的室内环境已成为现代环境设计的首要任务。在设计

图 3-60   图 3-61

中引入绿色设计则更为环境设计师开拓了新的创作思路，绿色设计必将形成未来设计的一种主流思想和方法。（图 3-60、图 3-61）

3.5.2 强调科技化

21 世纪的环境设计不仅需要面对生态环境的保护问题，还要应对如何在科技的发展中，注意到人与环境的协调，充分发挥科技的作用。随着高、新技术在建筑领域中的广泛应用，建筑中的科技含量越来越高，建筑理念和建筑室内外造型形式都因此发生了不小的变化。新技术、新材料、新设备、新观念为环境设计创作开辟了更加广阔的天地，既满足了人们对室内设计提出的不断发展和日益多样化的需求，而且还赋予了环境设计以崭新的面貌，使艺术形象上的突破和创新有了更坚实的物质基础。从而改变了人们的审美意识，开创了直接鉴赏技术的新境界，并最终上升成为一种具有时代特征的社会文化现象。

随着科技的发展，建筑技术不断进步，新型建筑材料层出不穷，环境设计有了广阔的天地。为此，设计师们应积极地接受和掌握新的材料性能与特点，同时研究和掌握与之相适应的施工工艺，但更重要的是要注意到新材料科学进步所带来的对设计观念的冲击和影响。

建筑技术的变革，造就了不同的艺术表现形式，同时也改变了人们的审美价值观，而伴随着技术的进步和审美观念的更新，环境设计观念也发生了变化，今天的建筑技术作为一种艺术表现手段，已成为建筑及室内设计造型创意的源泉和建筑师情感抒发的媒介。如高技派就是打破了以往单纯从美学角度追求造型表现的框框，开创了从科学技术的角度出发，通过"技术性思维"以及捕捉结构、构造和设备技术与建筑造型的内在联系的方法，去寻求技术与艺术的融合，使工业技术甚至或高度复杂的"软技术"以造型艺术的形式表现出来。

罗杰斯设计的伦敦的劳埃德保险公司，更加夸张地使用高科技特征，充分暴露结构，同时也使用不锈钢、铝和其他合金材料。主楼内部是一个气势雄伟的玻璃共享中庭。办公空间围绕中庭形成环形布局，同样可以根据使用要求灵活布置，来提供更加具有弹性的使用方式。大厅内自动扶梯上下交错，形成一个气派非凡的活动景观，古老的大钟更增添了一些传统的机械美感。

智能化设计是信息时代的必然产物，随着全球信息化进程的不断加快和信息产业的迅速发展，智能化设计作为信息社会的重要基础设施，已受到越来越多的重视。

智能化设计应当是通过对建筑物的四个基本要素，即结构、系统、服务和管理，以及它们之间的内在联系，以最优化的设计，提供一个投资合理又拥有高效率的幽雅舒适、便利快捷、高度安全的环境空间。智能建筑物能够帮助大厦的主人、财产的管理者和拥有者等意识到，他们在诸如费用开支、生活舒适、商务活动和人身安全等方面得到最大利益的回报。建筑智能化的目的是应用现代技术构成智能建筑结构与系统，结合现代化的服务与管理方式给人们提供一个安全、舒适的生活、学习与工作环境空间。（图 3-62、图 3-63）

3.5.3　突出人性化

21 世纪的建筑，无论是城市规划或单体建筑，其外部环境设计，内部功能要求，无论从物质上还是精神上，"以人为中心"的设计思想已是无可争议，且越来越受到各界人士的重视，在人类社会的生活中占据了重要的地位。因为建筑研究的对象不只是空间环境

图 3-62

图 3-63

本身，更重要的是人，是人所需要的生存空间和人所需要的回归场所。环境设计为人们提供生活、学习与工作的再创造空间，在科学技术相当发达的今天，现代设计更应以人为本，从关心人、服务于人的观念出发，为人们提供更加良好的活动场所。

要真正做到"以人为本"、关心人、尊重人，首先要尊重人对空间环境的感情要求。空间环境是有感情的，其情感是通过设计的造型、体量、色彩、空间变化等方式表达的。以人为本的设计理念，要求设计师充分考虑建筑的情感特征，创造各种适宜的情感空间，满足人们不同的心理需要。另外人不是抽象的，任何人都生活在一定的社会关系中，生活在一定的社会文化环境中，生活在一定的自然条件下，因此要真正做到关心人、尊重人，设计师设计空间的平面布局和立面造型的时候，必须认真研究人们的生活方式，充分考虑人的生理及心理感受，以及社会流行的时尚和审美倾向。

如医疗空间环境的创造表现首先是就诊模式的人性化，即贯彻"人道主义"的根本宗旨，开设"绿色通道"，尽可能为病人提供方便、快捷的就医方式，减少等候时间和各种交叉感染，避免病人及陪护人员的焦虑和不安；最大限度地提供医护人员与病人交流的可能性，缩小医护人员与病人间的距离（包括心理距离）。

设计是人的设计，即满足人的生理和心理的需要以及物质和精神的需要。设计的主体是人，设计的使用者和设计者也是人。因此人是设计的中心和尺度，这种尺度既包括生理尺度，又包括心理尺度，而心理尺度的满足是通过设计人性化得以实现的。因为离开了对人心理要求的反映和满足，设计便偏离了正轨。因此，设计的人性化已成为鉴别设计优劣的不变准则。人类设计只有以人为中心，为了人身心获得健康的发展、为了健全和造就高尚完美人格精神而倾心服务，设计才会永远具有人类生命的活力。离开了热爱人、尊重人的目标，设计便会偏离正确的方向。正如美国当代设计家德累福斯所说的："要是产品阻滞了人的活动，设计便告失败；要是产品使人感到更安全、更舒适、更有效、更快乐，设计便成功了"。

设计师通过对设计形式和功能等方面的"人性化"因素的注入，使设计物具有情感、个性、情趣和生命。当然这种品格是不可测量和量化的。而人性化的表达方式就在于以有形的物质形态去反映和承载无形的精神形态。

空间环境就是通过设计的形式要素（如造型、色彩、装饰、材料等）的变化，引发人们积极的情感体验和心理感受，称为"以情动人"。设计中的造型要素是人们对设计关注的最重要的一方面，设计的本质和特性必须通过一定的造型而得以明确化、具体化、实体化。另外，在设计中色彩必须借助和依附于造型才能存在，必须通过形状的体现才具有具体的意义。但色彩一经与具体化的形相结合，便具有极强的感情色彩和表现特征，具有强大的精神影响。当代美国视觉艺术心理学家布鲁墨说，"色彩唤起各种情绪，表达感情，甚至影响我们正常的生理感受"；另一位心理学家阿思海姆则认为"色彩能够表现感情，这是一个无可辩驳的事实"。因而色彩是一般审美中最普遍的形式，成为设计人性化表达的重要因素。（图 3-64、图 3-65）

图 3-64

图 3-65

3.5.4   提倡多元化

随着经济的发展和科技的进步，一些发达国家已率先进入信息时代，从而带来人们的情感特征、价值标准、思维方式、生活意识以及习俗等方面不同程度的演变，突出表现为对社会文化的多元化需求，导致环境设计多元化的发展趋向。但继续发扬现代主义理性、功能的本质精神，只是对其冷漠单调的形象进行不断的修正和改良，突破早期现代主义排斥装饰的极端做法，而走向一个肯定装饰的、多风格的、多元化的新阶段，同时随着科技的不断进步，在装饰语言上更关注新材料的特质表现和技术构造细节，而且在设计上更强调作品与人文环境和生态环境的关系。

20 世纪 70 年代初，针对国际主义风格单一刻板的垄断风格，在设计界出现了大规模调整的浪潮，新现代主义在美国逐渐开始形成。1973 年，由通常被视为新现代主义泰斗的美国著名设计师理查德·迈耶（Richard Meier）设计的道格拉斯住宅（Douglas House），是一幢精美优雅、纯净洁白的建筑。它坐落在风景如画的密执安湖畔的陡峭的山坡上，周围是郁郁葱葱的树木。由于地势的原因，进厅位于顶层，通过楼梯到下一层的挑台方可进入卧室。起居室是室内空间的中心，面湖的一面是被白色的框架分隔的大玻璃窗，每一个框架都是一个绝佳的景框。透过玻璃窗俯视湖面，产生一种扣人心弦的翱翔般的感觉，几件柯布西耶式的座椅和迈耶自己设计的沙发，起到了界定空间的作用。隐喻船形母题的洞口与顶层天窗构成纵向贯通的光井，为底层餐厅提供了光线的同时，也把住宅的公共空间全部联通起来。它的垂直式因山就势的空间设计打破了传统的室内空间观念，给人以全新的空间感受。

迈耶的另一个典范性作品是亚特兰大海伊艺术博物馆（High Museum of Art），当人们通过精心设计的一系列内外空间序列来到四层高的中央大厅时，眼前豁然开朗，呈现出一种纯净澄明的景象，阳光透过具有装饰性的放射形顶梁光棚洒向墙面，产生极有节奏的光影，大厅一侧水平的楼板和垂直的圆柱以及突出的正方形墙面形成一种很规矩的虚实关系，

图 3-66

也为空间注入了很强的现代感和力量感。与此对应的大厅另一侧的环形坡道则成为空间的活跃元素，打破了过于沉静的感觉，从而产生了一种强烈的视觉效应。这种环形坡道也是赖特古根海姆博物馆螺旋坡道的延续和发展，为了避免倾斜的地面不利于人们驻足观赏，使坡道与展厅分开布置。同时这一坡道把人们引入一个连续的空间，是给参观者提供一个过程去回顾已参观的展品，以及对即将参观的展品起到酝酿情绪的作用。其他各展区的空间处理也相当干净利落，没有任何纯装饰的构件干扰参观者的视线。（图 3-66）

由贝聿铭设计的达拉斯莫顿梅尔森交响乐中心（The Morton H.Meyerson Symphony Center）与其以往作品不同，他在这个华丽的交响乐大厅里创造了一种跌宕起伏、华美精致的新型巴洛克空间。曲线结构似乎成了这里的主宰，具有流动感的环廊、轮廓为曲面的墙体以及月牙形顶棚，所有这些曲线的形体空间与直线空间相比，带来了几乎无尽的灭点，引发了人们的探索心理。观众厅是贝聿铭与声学专家约翰逊共同设计的，可以容纳两千余

人。平面呈一个巨大的马蹄形，通过两个巨柱把演奏区和听众席分开，整个空间充分运用现代装饰语言，设计得极为富丽堂皇。顶棚上装有带背光的玛瑙薄石，墙面是樱桃木和钢条嵌成的格子形。沿观众席四周布置了挑台和包厢，仿佛让人又回到了巴洛克时代。（图 3-67）

新现代主义强调空间与技术的交融，注重技术构造和新材料的应用来增强设计的表现力。美国伊利诺伊州联邦（State of Ulionis Center，Chicago）大厦是 20 世纪 80 年代初由德裔美籍建筑师赫尔穆特·扬（Murphy Jahn）设计的。它的外形是由立方体和一圆锥组成，造型新颖奇特，成为该城市中重要的标志性建

图 3-67

图 3-68

筑。内部中庭是空间的中心。环状的巨大空间直通到顶，顶部组织有序的金属网架恰好成为一种体现技术美的装饰，垂直的景观电梯和凌空挑出的楼梯以及地下的扶梯不仅加强了各层空间的联系，也为整个中庭增加了活力。中庭的地面铺装为呈向心的放射状大理石拼花。与此相呼应的地下葵花形理石图案，更加细密、精致。在材料的选用上还大胆地使用了金属、镜面玻璃等现代材料，使空间设计语言更传达出一种新材料的特质，整个空间气势恢宏、令人振奋的形象是其他传统建筑无法比拟的。德国慕尼黑坎普斯蒂饭店也是一个富有想象力的、充分注重技术构造和新材料应用的作品。（图 3-68）

新现代主义突破了现代主义排斥装饰的极端做法，而走向一个肯定装饰的多风格时期。出生于瑞士的建筑师马里奥·博塔（Mario Botta，1943 ~ ），其作品装饰风格独特而简洁，既有地中海般的热情，又有瑞士钟表般的精确，旧金山现代艺术博物馆就是这样一个杰出的作品。建筑造型中最为引人注目的就是由黑白条石构成的斜面的塔式筒体，而这里恰恰就是整个建筑的核心——中央大厅，黑白相间的水平装饰带再次延伸到室内，无论是地面、墙面还是柱础、接待台，都非常有节制地运用了这种既有韵律感又有逻辑性的语言，不仅增加了视觉上的雅致和趣味，也使空间顿然流畅起来。这种视觉形式上的秩序感和层次感也同样体现在空间处理上，使各展览空间井然有序地围绕大厅而展开，使得参观者一目了然，避免通常流行把博物馆展厅布置成迷宫式的手法。大厅的正中是一座运用几何体组合的十分得体的大楼梯，尤其引人入胜的是楼梯的底部处理，充分运用踏步的自然迭级设计了装饰灯具照明，这种出其不意的装饰不仅冲淡了空间的压抑感，更重要的是成为正对入口的一个绝妙的景观。大厅上空架设的天桥颇有些戏剧性，它将人们引入顶层展厅。（图 3-69）

纽约曼哈顿南部世界金融中心下的观景楼滨河公园景观设计可以说是这方面的代表，这个作品独特的造型、富有秩序感的装饰照明，为空间平添了几分人情味与趣味性。其中最引人注目的是两座不锈钢路灯标杆，它以鲜明的形式节奏感和装饰细部成为该公园的标志物。（图 3-70）

图 3-69（左）
图 3-70（右）

　　环境设计方面的注重历史文脉，即从人文、历史角度研究空间，再强调特定空间范围内的个别环境因素与环境整体，保持时间和空间的连续性与和谐的对应关系。文脉主义在强调传统生命力的同时，不仅仅是单纯对过去的模仿，还包括结合新的元素。所以应该秉承文脉主义设计原则，吸取传统精华，专注研究在特定场合表达当今设计与传统之间的关系，要吸取传统，并赋予空间环境以时代的特色。

　　场所对当代建筑师来说早已不是新鲜事，挪威著名建筑理论家舒尔茨在其《场所精神——迈向建筑现象学》一书中也指出，"环境最基本的说法是场所。建筑的目的就是使场所精神具体化，场所精神的形成就是利用建筑物赋予场所的特质，并使这些特质和人产生亲密的关系"。因此，对场所及其相关的环境文脉问题的关注和场所精神的创造，成为许多当代设计师所共同追求的目标。

　　汉斯·霍莱因（Hans Hollein）的作品主张强调物体的场所意义和物体与物体的空间变化关系，用历史、文化的背景创造新的室内空间形象。维也纳士林珠宝店（Scllin Jewelry Shop）是他在 1972 设计的一个面积仅 14 平方米的小店，但因其具有奇特的造型和巧妙的构思，在世界范围内受到普遍关注。他于 1978 年设计的奥地利旅行社的营业厅，也是个独特的饶有风味的中庭。为了引发人们对异国情调的无限遐思和对旅行的热切向往和期待，运用了很多不同地域、不同国家的语言符号隐喻象征的语汇。中庭的顶部是拱形的发光顶棚，它仅用一根植根于已经断裂的古希腊柱式中的白钢柱支撑，这种寓意深刻的处理手法体现了设计师对历史的理解。钢柱的周围散布着九棵金属制成的摩洛哥棕榈树，象征着热带地区，金色的树干、树叶让人想起热带炫目的太阳，闪烁的自然光和灯光在金属间相互衬映反射，暗示出一种贵族趣味的场所。透过宽大的棕榈树，可以望见架于大理石底座上具有浓郁印度风格的休息亭，这又给人一种想象，一种对东方久远文明的向往。当人们从休息亭回头观望时，会看到一片倾斜的大理石墙面与墙壁相接，使人很自然地联想到古埃及的金字塔。正对入口飘扬着奥地利国旗，它与远处的两只飞翔的雄鹰一起在寂静的空间中飞舞，把界定的空间变得流动而辽阔。（图3-71）

现代主义发展的过程中，一直强调功能、结构和形式的完整性，而对设计中的人文因素和地域特征缺乏兴趣。而新现代主义在这些方面却给予很充分的关注。侧重民族文化表现，更注重地域、民族的内在传统精神表达的一些探索性作品开始出现。日本的设计师在这方面的尝试比较多。其中颇负盛名的安藤忠雄（Tadao Ando，1941~ ）便是其中之一。他一直用现代主义的国际式语汇来表达特定的民族感受、美学意识和文化背景。双生观茶室就是安藤运用现代材料和手法来表达日本传统和风住宅原型"数寄屋"的精神实质。茶室由内部的封闭茶室及外部的围墙组成。内部正面是混凝土墙，后面是磨砂玻璃窗，可以产生明亮均匀的光线；侧面的窗位很低，进入室内的光线只能照亮地板，使墙壁失去了支撑的意义而成为一种围合空间媒介。另外，窗的上半部及另一个入口隐没在黑暗中，整个室内笼罩在宁静平和的气氛中，柔和的光线使混凝土表面蒙上一层朦胧的光晕，同时也软

图3-71

化了墙面的僵硬感，使其丧失了重量感，成为一种抽象的存在，从中可以看出安藤未使用传统形式，却通过数寄屋柔和的光线、薄而轻的隔墙、静态封闭的空间以及极力追求自然的态度，把一种超越物质领域的精神世界带入到现代生活中。

日本传统的建筑就是亲近自然，而安藤一直努力把自然的因素引入作品中，积极地利用光、雨、风、雾等自然因素，并通过抽象写意的形式表达出来，即把自然抽象化而非写实地表达自然。安藤的位于大阪市郊的"光的教堂"要体现的自然就是光。其主体是个简洁封闭的长方形，由入口部分和礼拜空间组成。整个空间的视觉中心就是位于圣坛后面的十字架，它是从混凝土墙上切出的一个"十"字形狭缝，光便从这缝泻进室内。只因有光的存在，这个十字架的象征意义才存在。无论是白天的阳光还是夜晚的灯光从室外射进来呈现出的这种光的十字架，使教徒们仿佛看到了天堂的光辉，灵魂似乎也通过这缝隙飞向天国。

安藤设计的真言宗本福寺永御堂也是一个运用光线的典型。该佛堂的布局的方向是根据太阳的方位而确定的，尤其是傍晚夕阳染红了佛堂内部，在一片神秘的光辉中，仿佛让人置身于一种神圣的佛境之中。

"水的教堂"顾名思义是运用水的自然抽象的表达。该教堂位于北海道夕张山脉的一块平原上，周围是一片繁茂的树木，引附近小河之水在教堂前面开辟一个长方形人工湖。建筑物是由两个看似平淡无奇的混凝土立方体组合而成，然而其独具特色的感染力是在内部空间的组织上。当人们沿着混凝土墙走上缓坡由室外进入一个玻璃盒子似的明亮的进厅时，首先看到的是四个相互连接的十字架，透过玻璃矗立在自然之中，从而激发起人们心中的庄严感。接着通过幽暗的圆弧楼梯把人们引入教堂内部，从黑暗中走进的人首先看到的是前方令人肃然起敬的十字架，十字架伫立于一片开阔平静的人工湖面上，原来教堂室内外之间是面若有若无的落地大玻璃窗，于是外部的水面及周围的自然景色被借景成教堂圣坛的一部分。静静的池水，肃穆的山林意味着上帝存在于广漠无垠的天地之中。（图 3-72 ~图 3-75）

图 3-72（左）
图 3-73（右）

图 3-74

图 3-75

图 3-76

　　新现代主义讲究设计作品与历史文脉的统一性和联系性，有时虽采用古典风格，但并不直接使用古典语汇，而多用古典的比例和几何形式来达到与传统环境的和谐统一。法国巴黎的奥尔塞艺术博物馆原废弃多年的火车站，直至 1986 年决定把它改造为艺术馆，改建的室内设计由米兰的女设计师奥伦（Gae Aulenti）主持完成，她成功地运用统一的装饰语言将原来车站多样的体量整合统一起来，最大限度地使文脉延续下去。整个设计以黄绿色为基调形成一种简洁洗练的古典气息。尤其在处理古典与现代的关系上，比较自然朴素而没有造作的感觉。（图 3-76）

位于纽约的四季酒店（Four Seasons Hotel）的设计也是具有新古典主义内涵的新现代主义优秀作品，而且整个空间传达出一种超越时代的优雅感，并创造出一种威严、欢庆的形象。酒店中最富吸引力的中心是门厅，门厅沉着而不乏精致，顶棚是从后面照亮的缟玛瑙，墙面是法国石灰岩，周围是八面体的柱子。通过三座楼梯使门厅同周围相连，门厅正前方是接待台，左右两侧是酒廊休息室。这一作品不仅呼应了建筑设计的风格，同时也为这座 20 世纪 20 ～ 30 年代摩天大厦的概念注入了新的内容。（图 3-77）

图 3-77

纽约的曼哈顿南部 Y 形公园，同样是运用古典的元素来演绎传统的环境设计。作品中厚实的具有西方传统特质的石墙作为公园的主体，石墙看起来像是庞大结构的遗留物，给人一种对历史的想象和回忆。（图 3-78）

英国伯明翰维多利亚广场（Vlctoria Square）也是在这方面给予关注的作品。维多利亚广场位于市中心的议会大厦前。以前，这里只是一个交通节点，而不是真正意义上的广场。该广场在议会大厦主入口的柱廊轴线上有一个中央喷泉，整个设计就是以它为出发点展开的。新广场成了当地政府——市议会的标志，喷泉作为视线的聚焦点，铺地从这里辐射开去，两侧设有可以通向上部平台的踏步。中央喷泉有高低两个水池，进而水流形成层层跌落的台阶瀑布，广场外围以花坛和树木来划分不同的空间。广场上面用来举行大型的公共活动，下面较小的部分则适于进行小型的和个人的活动。广场的设计照顾到具有高品质的传统建筑，与四周"维多利亚式"建筑和谐相处，充分提高景观和场所地位和现代的空间特质。（图 3-79）

法国的里昂泰侯广场（Terreaux Square）设计更重视现代手法与古典元素的结合。（图 3-80）

图 3-78

图 3-79

图 3-80

图 3-81

　　20 世纪 60 年代之后，新现代主义出现极简主义风格，极简主义就是把造型元素和空间形态压缩到 "绝对纯粹而抽象"，构成手段简约而具有明确的统一完整性。在景观及园林设计上，极简主义追求抽象、简化和几何秩序，以较少的形态和材料表现大尺度的空间。其中最杰出的代表就是美国设计师彼得·沃克（Peter Walker，1932 ~ ），20 世纪 70 年代初就参与了加州橘郡市镇中心的景观环境设计。沃克将钢材引入景观设计中，即用不锈钢饰条铺设在连接广场大厦和停车楼入口处，由不锈钢组成的同心圆状的水池坐落于入口两侧，整齐排列的不锈钢短柱形成了通道指示。所有这些不锈钢构件、草坪通过几何图形构成简洁纯净的形态，极具视觉秩序美感。（图 3-81）

　　总之，随着社会不断地发展和科学技术的进步，新现代主义在肯定现代主义功能和技术结构体系的基础上，从不同的切入点去修正，完善和发展现代主义，使新现代主义呈现出多元的形式和风格，而并非某一个单一的设计风格。正是由于现代主义具备在当时社会发展阶段的合理性，新现代主义的探索将会走上一个更高的发展层次，并且逐渐在 21 世纪形成潮流，成为设计中一个比较稳健的流派继续向前发展。

第 4 章

Introduction to Urban Environmental Design

第 4 章

城市步行空间
环境设计

近年来，世界上很多国家的城市交通面临拥堵、停车难、人车冲突等诸多困境，这与以往多重视"以车为本"的城市交通规划和设计理念不无关系。与此同时，一些发达国家越来越多的城市规划与设计逐渐转向"以人为本"，致力于打造"步行城市"，以有效地缓解了城市交通拥堵、降低了事故风险。

4.1　步行环境的概念

城市中的步行环境是城市空间中最基本的组成部分，是步行者在不受汽车等交通工具干扰和危害的情况下，可以经常性地或暂时性地自由愉快地活动在充满自然性、景观性和人文性的环境空间中。如步行街道、步行天桥、城市步行广场、住区庭园和公园绿地等环境空间。

图 4-1

城市活动的主体是人，城市的空间环境及设施应体现对人的心理及其行为的关爱，宜人的城市步行环境就是解决城市问题的有效途径之一。进入 21 世纪以来，我国不断更新城市发展理念，逐步提升城市功能和空间组织的方式，并充分认知人在不同空间场所中的行为活动方式和规律，以体现"以人为本"的设计理念，创造舒适、健康、安全以及人性化的城市生活环境。城市步行空间是连接城市各功能区的纽带，与人们的日常生活息息相关。设计者应通过步行空间的环境设计，给予步行空间更多的人性关怀，为市民创造具有宜人尺度和文化情趣的步行环境，使城市空间充满亲切感和可识别性，更好地为城市生活服务。（图 4-1）

4.2　步行环境的意义

　　城市环境在很大程度上影响着人们的生活质量，它为城市生活提供的不仅是物质的环境，而且提供了重要的精神、社会和心理的环境。在人类进入工业文明之前的漫长历史时期，步行一直是盛行和最主要的交通方式。然而 20 世纪初，由于汽车等现代交通工具的出现，为人流和货流带来了极大的便利，并大大缩短了运行时间，使城市的物资交换、能量交换、信息交换、人际交往更为便利和快捷。但是，由于汽车等交通工具数量增加给城市环境带来巨大的压力，除交通肇事增多，交通阻塞，废气污染严重，道路和停车场占地面积增大，原有的高速度和高流量的优点日渐消逝等之外。在社会、文化、精神生活方面，汽车剥夺了居民在城市空间活动的自由度、轻松感、亲切感和安全感，损害了城市与市民之间的相互作用和紧密联系，认同感降低，不安全和不安定感增强，失去创造城市文化的活力。为此，城市中的步行环境，应适应于汽车化时代人的生理和心理需求，从步行环境的特性和要素出发，提出在城市交通组织中步行环境优先，其目的在于创造更加人性化的城市环境。

　　城市步行环境属于室外开敞空间的范畴，为人服务是它的最主要的功能，人的存在，赋予步行环境以意义和价值。因此，步行环境的设计，应充分考虑人的需要，满足人的多种需求。同时，城市步行环境构成了城市形象和城市风貌的基本要素，步行环境也是城市文化的一个重要载体，其中包含了丰富的城市文化的内涵。步行环境结合了自然景观和历史文化因素，具有导向性明确、参与性强的空间特质，是自然生态系统与人工建设系统交融的城市公共开放空间。合理地进行步行环境设计是改善城市环境、创造城市特色、提高城市生活环境质量、塑造城市形象的重要手段。（图 4-2 ~ 图 4-5）

图 4-2　　　　　　　　　　　　　　　　　　图 4-3

图 4-4　　　　　　　　　　　　　　　　　　　图 4-5

4.3　步行空间环境的类型

4.3.1　小规模开放空间

与城市中的大型公园和城市广场不同，该类空间多分散建设在城市街区地带的路边及社区公共环境中，以作为缓冲性的小规模公共开放空间。例如，城市中的"公共绿地"和"袖珍公园"。（图 4-6、图 4-7）

4.3.2　公共绿道、步游道

不受城市中心和居住区所局限的公共绿道，有近似于公园的绿道、栈道、游步道等，也有居住区内用于日常散步的散步道。在历史名城和旅游观光地，常建造环绕名胜古迹的游步道和散步道。绿道，就是以绿化为主体的步行街道空间；漫步道、散步道在通常范围里，并无明显差异。常常是绿道等同于漫步道和散步道。（图 4-8）

图 4-6

图 4-7

图 4-8

4.3.3　专用步行空间

为完全排除汽车的干扰，专供人行的公共空间，多为旧城市的街巷和现代城市的商业街。该类步行空间按其物理性状分为无顶盖的"开放型"室外步行空间和有顶盖的"封闭型"室内步行空间，以及介于其中的"半封闭半开放型"模糊步行空间三种情况。

（1）开放型

即室外步行空间，指露天的、位于建筑外部的步行空间，没有屋顶的敞开式步行空间。这种形式也是最常见的形式。但由于没有屋顶，在遇到刮风、下雨、下雪等天气时，会受到影响。但在晴天时，它可以既受惠于蓝天和接受阳光、空气的沐浴，又可以欣赏沿途的街道风景。（图 4-9、图 4-10）

（2）封闭型

即室内步行空间，其上部由屋顶和光棚覆盖，形成全封闭全天候的建筑形式。优点是可以提供防风雨、避严寒、抗日晒等人工环境。正因如此，这种形式比较适合高纬度的寒

图 4-9

图 4-10

图 4-11

冷地区，故被广泛用于北方商业街。

用于屋顶的覆盖层，大多采用透光的材料，其形式有弧状、双坡、单坡、拱状、半拱状以及天窗式等多种形式。（图 4-11、图 4-12）

（3）半封闭半开放型

即室内外模糊步行空间，其建筑形式一般是沿建筑一侧由骑楼、挑廊、拱廊等构成的上挑下凹的结构组成的，行人走在有顶盖的廊内，以防日晒雨淋。而在街道一侧则是敞露的，可以与自然气象邻接。南方低纬度的一些城市，由于气候变化无常，通长采用骑楼形式的商业街较多。（图 4-13）

图 4-12

4.3.4　步行者优先空间

在一定的限制下允许汽车和电车通行的步行空间。如供公交车辆和出租车通行的"公交步行街"或有限制地允许一般汽车开进居住区的"社区道路"。

（1）半开放型

在人车共存的情况下，对车辆进行一定的限制；对步行者给予优先权，以达到既合又分的目的。对车辆的限定，包括速度限定、时间限定、通行方向限定、路线线形限定等多种方式。（图 4–14）

（2）公交步行街

图 4–13

禁止普通车辆通行，只允许公共交通车、专用客车和旅游观光车等进入，限制其他机动车进入的步行空间。在步行街中保留少量线路的公交车辆通行，有利于行人的搭乘和客运交通运行。尤其在大城市，当周边的公共交通并不能完全解决步行环境内的交通问题时，公交步行街的公共交通与步行交通可以互为补充。（图 4–15）

4.3.5　车步共道

对汽车没有严格限制的既走人又通车的街道。在车步共同存在的街道空间中，为了保证行人的安全和活动的自由度，同时又要解决交通运输问题，必须对道路布置采用有效的措施，通常是按分离型和融合型方法设计的。

图 4–14

图 4-15

图 4-16

（1）分离型

将步行道和车行道设在不同的高差平面，即垂直分离型。不同的高差地面铺装会采取不同的材质进行设计，即步行道和车行道依据不同性质分别铺装。

（2）融合型

对于车流量较小的街道，允许步行道与车行道在同一空间平面中共存。即使如此，也往往用不同的路面铺装划分步行道与车行道的界域，以使司机和行人容易辨认各自的区域，以示与普通道路相区别。（图 4-16、图 4-17）

图 4-17

4.3.6　高架步行空间

人与车采取垂直的立体分离所修建的独立式高架步行空间。高于地平面的高架步行空间可以分为：人造台地；高架步行道和联系两座建筑物的高架空中走廊（分开敞式、半开敞式即有顶无墙、内廊式）等。（图 4-18 ~ 图 4-22）

图 4-18　　　　　　　　　　　　　　　　　　　　图 4-19

图 4-20

图 4-21

图 4-22

图 4-23

4.3.7 地下步行街

是与汽车、电车垂直分离而设置的独立地下步行通道，是只供跨越汽车通道的人行地道，以及繁华地段（中心车站和市中心区）的地下商业街。

（1）地下道

与高架道相反，它是设在地下的步行者专用通道，其主要目的就是避免与汽车等交通工具平面相交和相互干扰。

（2）地下商业街

地下商店街是目前最为常见的一种商业空间形式，大部分地下商业街除利用高层建筑的地下层组织联网通道外，一般还与地铁车站的进出口相联系。（图 4-23）

4.3.8 时间系步行空间

时间系步行空间是指定时与定日控制车辆通行的步行空间，人与车在规定时间内交替运行。特别是许多商业区也设有全日和部分时段的行人专用区和专用道。

此类空间在时间上分为"定时"和"定日"两种，如白天车辆通行，傍晚形成购物市集；考虑学生的上学和放学时间，为保证学生交通安全而实施限制车行的"通学路"；在星期六、日或集市活动的规定时间内所设置的"购物街"和"周日集市"等。

4.3.9 滨水步行空间

城市滨水空间是城市重要的开放空间，往往成为本地居民和外地游客休闲游憩的首选场所。所以城市滨水步行空间的建设有助于增强城市活力、提高城市宜居水平。滨水空间是城市人工环境与自然环境的结合点和过渡带，典型的生态交错区域，是城市开放公共空间中兼具自然地景和人文景观的区域，具有自然生态、灵动开放的空间特点，江、河、湖、海的天然水体带给人的生理和心理体验是任何城市中的人文水景无法比拟的。在城区闹市中长久生活的人们来到水边，是对既定生活环境变化的一种渴求，也可以缓解由于市中心交通、环境和空间布局等问题使人产生的紧张和压抑，使人们从城市密集的生活空间中解脱出来。为此城市滨水步行空间为人们提供生活、社交、休闲和游览的空间场地，也为现代城市居民增添了生活的乐趣。

　　城市滨水步行空间具体包括城市滨水开放空间和城市滨水堤岸空间。城市滨水开放空间是指城市中在建筑实体之外存在着的开敞式空间场所；城市滨水堤岸空间即陆地空间与水体空间的边界。

　　滨水步行空间的主要特点是连续线性分布，延续沿江河、湖、海滨水轴线关系，使其成为城市中的连续步行带。线性特征符合水域空间的自然特征，表达了一种方向性，具有运动、延伸、增长的意味。其形态在视觉上形成一系列线的延伸形态，也使空间向远处无限拓展。因此，滨水步行空间的设计也应遵循这种线性特征，并充分结合自然形态的岸线、山势、植被等地形地貌特点，从而设计形成连续不断的序列景观。（图 4-24 ～图 4-29）

图 4-24

图 4-25

图 4-26（左）
图 4-27（右上）
图 4-28（右中）
图 4-29（右下）

4.4　城市步行空间环境设计策略

4.4.1　步行环境设计方法与对策

　　当前，世界很多城市开始实施步行改造策略，逐步打造城市步行系统，并积累了一些经验。诸如建设立体步行系统，包括行人天桥、人行道、地下通道等，并与公共交通系统紧密结合，市民的日常出行通过步行即可实现，也有效避免了人车争路等现象的发生。同时结合公交站点、商业区位置合理规划线路，部分地区的行人天桥还装有空调以创造舒适的步行环境，其便捷度、舒适度较高。为降低市中心的车流量，还有一些城市规定在街区内部除居民的交通工具之外，其余小汽车、巴士、卡车等机动车不准驶入，需绕道而行，并针对街区内居民的机动车进行限速管理，鼓励人们选择步行出行方式，"随心所欲"地享受街区内安全、舒适的步行环境。还有的城市在当地中心城区，改造火车站、商场、购物中心等交通混乱之地，建设适宜步行、骑车的慢行道路，道路沿途布置公共活动设施与城市文化设施。同时，还采取了相关措施用以提升城市整体可步行性。如添置以步行、骑行为主的交通基础设施，减少以机动车为主的交通基础设施；设置清晰的机动车道、非机动车道以及人行道标识标线；把街道路面抬升至人行道的水平面上，以创造一个平坦的步行路面，设置隔离栏，以防止小汽车进入。凡此种种，不断尝试步行空间的应用方式，以提升城市居民步行的舒适度，从而推进城市可步行性的进一步发展。

4.4.2　步行环境设计原则

（1）遵循以人为本的原则

在城市步行空间的规划设计上，应遵循以人为本的原则，应基于人在生理、心理、户外活动和社会交往等方面的基本需求来进行规划设计。从生理和心理角度而言，通常情况下人步行的距离是 500 米左右，而如果道路铺装舒适、景观优美且令人心情愉悦，步行距离可以增加拓展。因此，在设计时针对不同人群的心理和生理需求，既要设置便捷的步行通道，也要设计富于变化的空间，供人们驻足、交流和休闲，这样才能提高空间的利用率和吸引力。同时从社会交往的角度讲，城市步行空间为人的交往提供了场所和机会。为此通过合理设置停滞驻留空间，而不是简单的"通过式"空间，可增加人们相互接触的机会，促进人与人之间的交流。

（2）提倡绿色生态的方法

生态规划的设计理念指尤其在与自然环境有很好结合的步行空间，如滨水步道和湿地公园等环境，顺应基地原有的自然条件，尊重地形地貌特征，注重生态多样性的保护，体现自然元素，减少人工痕迹。在设计中应强调可持续发展和环境保护意识，合理利用土壤、植被、日照和降水等自然资源，并充分与人工环境相结合，构建完整的生态系统格局，形成景色优美、环境宜人的城市步行环境。

（3）注重历史文脉的理念

在设计步行空间时，应充分挖掘城市步行空间蕴含的历史文化内涵。因为城市街区记载着人类社会发展的历史，蕴含着丰富的文化，它是不同地域和不同民族的历史与文化的载体。一条街道往往需要数十或数百年的时间才能形成，因此或多或少会有一些或长或短的历史建筑遗存，这就需要对其进行保护，不仅要保存维护好街区历史的轨迹，留存城市记忆，而且还是城市进一步发展的重要基础和契机。

（4）强调整体系统的协调

现代社会进入多模式发展的交通时代，人们不仅需要快速便捷的城市道路交通系统，也需要系统化的步行系统，并且要求步行系统与城市道路交通系统有着紧密的联系。因而，应秉承系统化、整体化的理念，构建与城市道路交通系完美对接的步行交通系统，解决好步行与公共交通、机动化交通相结合的问题。

第 5 章

Introduction to Urban Environmental Design

第 5 章

城市街道空间
环境设计

建筑、街道、广场是构成城市空间的三大要素。其中街道是城市空间体系的重要组成部分，是城市的框架，是城市内区域间联系的纽带。除交通运输功能外，街道也是城市空间中最具活力的元素之一，是人们生活、购物、娱乐、交往等和城市居民关系最为密切的公共空间场所，同时也是城市历史、文化重要的空间载体。城市道路、附属设施和沿线建筑等诸多元素共同构成了完整的街道空间。街道也是城市形象和城市景观的载体，人们对城市的印象通常是通过城市街道获得的。街道中活动的行人、运动的车辆、流动的空间共同构成了各具特色的街道景观。

5.1 城市街道的价值

伴随着城市的发展，城市空间的塑造取决于城市各要素间的配合协调，各构成要素包括建筑、街道、广场、河流等。追溯历史，城市最早源于街道，作为一条线型轴，以线编织成城市网络，连接着各个区域，形成城市的基本形态。《辞海》对于街道的解释："旁边有房屋的比较宽阔的道路"，是一个集生活、社交、商业、休憩于一体的城市生活空间的交流场所。

人们对于城市道路环境的认知，是从城市的空间印象开始，通过社会形态学、文化学分析城市街道与城市印象的直接关联，发掘它与城市发展面貌的潜在联系。街道是城市结构的主脉，其作为一种流通系统，更是牵制着城市的能量、信息、物质、社会生活等正常运转的大动脉，在一定程度上是决定城市的政治、经济、文化兴衰的关键。特别是在现代城市生活中，街道日益被赋予多重角色。一条理想的街道，不仅仅是允许车辆、行人通过的基础设施，还应该有助于促进人们的交流与互动，能够寄托人们对城市的情感和印象，有助于推动环保、智慧的新材料、新技术的应用，更有助于增强城市魅力和激发经济活力。

城市街道作为空间存在，是通过技术手段创造出来的物质环境，更是在物质属性上叠加了历史的、文化的、艺术的众多元素，但街道空间显然超越物质和技术的层面，在空间、时间维度的基础上，构建出一个城市街区的精神向度，彰显着所在地区历史传统、社会生活和文化形态的演变历程。所以街道折射出的是一个社区、一个地域乃至一个城市的精神文化生活和文明坐标。想象一下当人们置身这些街区时，正是因为有历史穿越仿佛可以延展我们生命的长度，正是因为有人文滋养仿佛可以拓宽我们生命的宽度，正是因为有艺术创意仿佛可以提升我们生命的高度，正是因为有时尚美学仿佛可以拉升我们生命的广度，而且正是因为街区中点点滴滴有温度的设计可以温暖我们的心灵、增强我们对于生命感受力。

5.2　城市街道景观的构成

对于街道而言，建筑是街景的重要组成部分，也是街道的侧界面，它反映着城市的历史与文化，影响着街道空间的比例和空间的性格。普通街道通常被划分成人行道和车行道。

5.2.1　街道景观的内容

街道景观即街景，是由街道两侧的垂直景观和路幅范围内的水平景观所组成。垂直景观包括建筑、围墙、建筑出入口、地铁或过街通道出入口、过街天桥、店招、电话亭、路标、路引、灯具、绿化、岗亭、站亭、钟塔、广告牌，以及移动的行人和车辆等；水平景观包括路面铺装及其交通指示符号、人行道、路缘、草坪、树池、低矮树丛等。（图 5–1 ～图 5–4）

图 5–1

图 5–2

图 5-3

图 5-4

5.2.2　街道形式与景观

作为线状的街道空间，具有连续性、延伸性、方向性和扩展性的形式特征，常见的城市街道布局形式一般分为四种：

（1）方格网式。这种形式划分街坊规整，有利于建筑的布置；便于分散交通，灵活性较大。

（2）环形放射式。其放射形干道有利于市中心同外围地区的联系，但也容易产生许多不规则的街坊。

（3）自由曲线式。常由于道路结合不规则自然地形布置而形成，变化很多，非直线系数较大，曲线可以形成丰富的景观效果。

（4）混合式。在同一城市中，由共存的上述几种类型的道路网组合而成。

街道景观的空间变化很大程度上取决于街道两侧的建筑，也就是街道空间生成的主要物质因素在于建筑的围合，为此在街景规划及建筑设计上应充分注意空间的进退有序，开阖有法，高低有致，曲折有度，同时适当注意视觉焦点（交叉口和转折处的景观节点）的处理，这样会取得相应的景观效果。（图 5-5、图 5-6）

5.2.3　建筑景观

街道两侧的沿街建筑是城市环境的重要组成部分，是街道空间的侧界面，事关城市形象的基本秩序，更是街道景观的主体。特别是历史风貌区很多沿街建筑物经历了岁月的洗礼，在它身上凝固了城市的历史文化价值，成为某个区域甚至整个城市的物化特征。从街道的视角来看，其建筑外观造型的设计可以分为三个层面。第一层面是人在远距离感知建

图 5-5

图 5-6

筑的宏观形态，也就是天际轮廓线；第二层面是人在中距离感知建筑的中观形态，也就是建筑外观的立面形态，包括建筑开窗与实墙面的虚实对比，立面横竖线条的划分等；而第三个层面则是人近距离感知建筑的细部，即直接接触的微观层面。通常人所能感受的范围也就在一层高之内，这一层面上的设计重点应该是建筑的细部结构和材质的表达，因此对街道来讲，建筑的设计重点也应在首层外观的细部上，包括门窗的结构与形式，骑楼或雨篷的应用，台阶踏步、扶手栏杆、灯具标识、浮雕壁画以及材料色彩与划分等。这些接近人尺度的建筑立面，应设计得尺度宜人、精致细腻，有一定的耐视性、标识性，易于记忆，使人易于接近和驻足。（图 5-7 ~ 图 5-11）

图 5-7

图 5-8

图 5-9

图 5-10

图 5-11

5.2.4　文化景观

文化景观，包括壁画、涂鸦、宣传栏、LED 电子显示屏，以及传统街头文化橱窗、阅报栏、电话亭，以及代表商业文化的店招、店面、广告牌、书报亭、售货亭等。这些街头文化设施从一个侧面反映了城市的文化风貌，同时创造了舒适的步行视觉体验，促进更多的交往和交流，营造出城市的文化归属感。（图 5-12）

5.2.5　交通景观

道路的路标、路引、护坡、跨线桥、红绿灯、栏杆、路灯、路障、隔离礅，以及公交候车亭、地铁车站、加油站、售票亭等交通构件和设施。

城市的海港、航空港、火车站等交通建筑，既是人流汇聚之处，也是城市标志和形象。除活动的交通工具外，列车的站房、地铁出入口、交通标志、信号系统、站台、码头建筑、候车棚以及高架线路都是环境景观的组成要素。（图 5-13 ~ 图 5-19）

5.2.6　构筑物

在城区中，一些高耸的构筑物常被收入街道景观的视野范畴内。如地下排风装置、水塔、烟囱等，这些设施从地面升起，坐落在临街的空地内，也与街道的视域相关，故如何处理这些构筑物景观也是不容忽视的问题。

图 5-12

图 5-13

图 5-14

图 5-15

图 5-16

图 5-17

图 5-18

图 5-19

　　城市中的水塔、罐体、冷却装置、烟囱随处可见，如经艺术设计处理，可以大大淡化构筑物的粗、硬、笨、重的形象，从而作为公共艺术融于城市的总体形象中，并可构成城市景观，为街区或城市增添历史的、时代的、地域的、可识别的、象征性的艺术符号。（图 5-20）

5.2.7　家具及小品

　　街道家具包括休息桌椅、时钟、饮水器、烟灰缸、卫生洁具和垃圾筒等；小品则泛指水池花池、台阶步道、装置雕塑、花架花坛、景石景架等建筑小品。这些景物是为人们提供休息、驻足观赏和相关服务的功能性与艺术性相结合的设施。作为城市景观这个大系统的一个子系统，街道家具与小品的形式风格并不是孤立存在的，它位于具体的城市环境中，必然受到与城市街区自然、历史、社会背景相关的各种要素的影响。（图 5-21）

图 5-20

5.2.8　街道夜景观

  随着社会进步及城市现代化进程的不断加快，城市夜环境越来越成为城市风貌不可分离的一部分。城市夜景观指在夜幕下城市空间环境以技术照明为载体，对城市夜间景观环境进行二次艺术特色创造，是对城市特有的景观资源的挖掘和艺术再创造。夜景照明设计就是利用照明技术与光的一切特性结合，去创造和满足人们所需要的艺术氛围。因而，近来人们越来越重视灯光在夜环境中的运用，重视灯光对夜环境所产生的美学效果以及由此而产生的心理效应。这种变化要求我们必须充分开发、利用夜空间环境，利用现代先进的照明技术手段，创造一个舒适宜人的城市夜环境。(图 5-22 ～图 5-24)

图 5-21

图 5-22

图 5-23

图 5-24

5.3   商业街的规划布局与设计

街道主要有交通型、游览型和商业型三种类型，其中最能体现街道特性的就是商业街。商业街作为一种城市公共空间，承载着城市的历史文化以及容纳着大量的市民生活，随着社会经济的发展，商业街在城市中占据越来越重要的位置。商店在城市街道上占有相当大的比例，它与市民的生活密切相关，几乎是哪里有人群哪里就有商店，而且往往是联店成街，即所谓"无店不成街，无街不成市"。

商业街是指众多不同规模、不同类别的商店有规律地排列组合的商品交易场所，其存在形式分为带状式商业街和环形组团式商业街。它由众多的商店、餐饮店、专卖店共同组成，并且按一定结构比例规律排列。

5.3.1   商业街的分类

（1）按规模分类

大型商业街：在长度为 1000 米的标准基点上进行的商铺的有序布局，如上海的南京路和淮海路两大商业街，北京王府井大街和西单北大街两个大型商业街，目前全国最长的步行街是全长为 1210 米的武汉江汉路商业街。

中小型商业街：如深圳华强北路商业街和北京的大栅栏袖珍商业街（图 5-25）。

（2）按功能分类

综合型商业街：如北京西单商业街、乌鲁木齐中山路商业街、昆明青年路商业街、长春重庆路商业街。

专业型商业街：如杭州健康路丝绸特色街、福州榕城美食街、北京三里屯酒吧一条街。

（3）按等级分类

市级商业街：如哈尔滨中央大街、天津和平路商业街。

区级商业街：如天津滨江道商业街、北京地安门商业街和方庄小区餐饮一条街。

除此之外还有按照不同性质来划分的，如商品性一条街、服务性一条街，如北京中关村电子一条街、北京西二环东侧的北京金融街。

5.3.2　商业街的业态规划

商圈里业态越丰富，商圈经济也就越成熟，各业态根据商圈的特点，可以做到资源共享、优势互补。同样在商业街这样一个完整的生态系统内部，各业态也应相互补充、协调发展，这样才能凝聚各业态的特点以强化和突显商业街的整体定位。

图 5-25

一般来说，商业街的行业结构呈现"三足鼎立"状，具备购物功能的占40%，具备餐饮功能的占30%，具备休闲娱乐功能的占30%。当然，这个结构并非绝对，主题不同的商业街在业态构成上将会形成不同的比重。但是，在业态组合方面必须有主次之分。

通常商业街的组成是以大型百货商店、专卖店、购物中心、大型综合超市为主，普通超市、便利店等作为丰富商业街的补充形式出现。（图5-26）

5.3.3 商业街的空间布局

目前国际流行的街景构成是，商业街内街景为内置环廊式，内街的人流、物流畅通，主体结构有三种形态，全开放式、全封闭式、半封闭式。在内街的人行步道上将装配众多的公共服务设施，如休闲桌椅、公用电话、ATM取款机、自助银行、环保公厕、儿童乐园、

图5-26

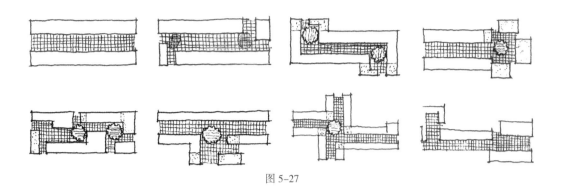

图 5-27

园林景观、城市雕塑等。而目前中国城市的商业街大多数是借市成街的模式，近年来才开始注意到街道景观园林的建设。大量的人流意味着复杂交通流线的设计，交通网络的搭建特别是立体交通网络的设计越来越重要。例如上海南京路商业街，拥有 24 条地面公交线路、两条地铁线、市内环线高架路、市内铁路线以及黄浦江水运线，从而保障了南京路商业街的客流吞吐需求。中、小型商业街，在不具备立体交通网状的情况下，可采取平面互动交通网设计。(图 5-27)

5.3.4　商业街规划设计要点

（1）空间的尺度

街道两边的沿街建筑的尺度设计是影响人对建筑空间感受的关键要素之一。商业街的理想气氛应该是使人觉得亲切放松、尺度宜人，使人有愉悦的消费心情，而不是简单的以势压人。商业街的尺度应该以行人的活动为基准，而不是以过往机动车为参照。购物行人所关注的纵向范围主要集中在建筑一层。对一层以上的范围几乎是视而不见。而横向关注范围一般也就在 10 ~ 20 米，而超过 20 米宽的商业街，行人很可能只关注街道一侧的店铺。这恰好说明了商业街建筑外观设计的重点应该在建筑外观设计的三个层面上。

（2）空间的组织

商业街内人的活动和感知空间是三维的。所以设计时应考虑街道的长度方向、宽度方向和高度方向都应有针对性的设计。首先商业街的长度随商业的规模而定，没有一定之规。但室外建筑空间根据心理感受模式可以分为向心的、有聚合力的、所谓的"积极空间"和发散的、通过性的、难以聚合人气的"消极空间"。作为商业街这样一个有聚合要求，需要行人购物休息之余能够驻足停留、感受观赏环境的空间，它必须是一个通过建筑手段塑造形成的"积极空间"。也就是在商业街的两端需要某种形式的空间标志物和限定物，标志着商业街的起和终。同时也达到把车行交通空间同步行购物空间隔离的目的。

（3）设计的风格

自然形成的传统商业街最吸引人的就在于其不同时期建造、风格迥异的铺面杂拼在一起，形成以极其的多元化而达到统一的繁华氛围。新建的商业街往往因人为的统一而流于单调乏味。为追求传统商业街的意境，设计师应有意识地放弃追求立面手法简单的统一，甚至应刻意创造丰富的、多元风格的店铺共生的效果。不同风格和肌理的建筑单元拼在一起，即便是同样设计的不同单元，也通过材质、颜色的变化，加强外观差异化。商业街的魅力就在于繁杂多样立面形态的共生，这也是商业街与大型百货购物中心的区别。

（4）室外的陈设

商业街室外空间与气氛的形成，主要取决于建筑的空间形态和立面形式，但也取决于其他一些建筑元素的运用，比如室外餐饮座、凉亭等功能设施，灯具、指示牌、电话亭等，以及灯笼、古董、花台、喷泉、雕塑等装饰，铺地、面砖、栏杆等材料。这些元素是商业街与人发生亲密接触的界面。若想使这一界面更人性化，就需要从景观、园林的角度深化商业街的设计。

总之，商业街的设计不应是简单满足规模、流量等技术指标，也应重视它所给人的心理感受。而为达到一个舒适、活跃而有新意的视觉与空间效果，设计师必须考虑人的尺度，从装修装饰与景观设计的深度来要求商业街外观的设计成果。商业街建筑与其他建筑外观的重要不同是店家需要根据自身商业的性质特点，二次装修店铺外观。建筑的外观设计仅仅是一个基础平台，商家最起码需要安装招牌，有些连锁店还需要标准化的颜色、样式。而招牌、广告、灯箱等室外饰物往往成为建筑外观中最惹眼的元素。失控的二次外部装修可能会同原建筑设计立意冲突，甚至破坏建筑空间的效果。（图5-28～图5-34）

5.4　街道空间的界面设计

5.4.1　店面

目前商业竞争的格局已进入一个大商业时代，在激烈竞争的氛围中，商家为了吸引消费者的眼球，促进销售，在每个细节上都力求与众不同。特别是在店面方面，除了在店铺的设计、橱窗的造型等方面下足功夫，更要在商品陈列上标新立异，以求强烈的视觉冲击力，营造一种商业空间的销售环境，以浓重的设计烘托自身的卖点氛围，以独特的个性确立商圈的形象，以争取更多消费者的光顾，来获取更大的利润。因此，店面设计也越来越受商家的重视，成为销售系统中的重要环节。

店面装修设计主要有品牌店、专卖店、商铺的店面装修设计，店面设计是企业品牌推广的有效手段，统一的店面识别规范有利于大众识别，有利于加盟商的信任和发展。

店面设计中，最重要的是如何增加商品与顾客之间的信息交流，用商号显示商店的性

图 5-28

图 5-29

图 5-30

图 5-31

图 5-32

图 5-33

图 5-34

质及主要经营范围，用店招表明行业，用橱窗展示主要商品的质量品质及吸引顾客的光临，而更直接地表现在店面的标志性、诱目性，满足顾客求实惠、求新奇、求信誉的心理，可以有针对性地进行商品宣传。

当前店面设计的特点：

（1）立体化：将橱窗布置成三度空间，给人以空间立体的画面感受，表现出商品的绚丽缤纷、丰富多彩。

（2）动态化：动态的景物具有较强的诱目性，容易吸引顾客的注意。有的商品采取现代数字科技来强化橱窗的动态诱导，如激光、旋转、音响等直接用于橱窗显示。

（3）透视性：将商品通过透明的窗口直接展现在人行道上，隔窗可以看到室内的陈设，让铺面上的商品直接与顾客对话。

（4）开放性：即不用橱窗展示、不设进户门，通过卷闸门控制出入口。这样在营业时将底层临街铺面开间直接完全敞向街道，实现最大化的空间开放与通透。（图 5-35 ~ 图 5-38）

5.4.2 建筑入口

建筑入口，是城市公共空间与单位空间的邻接界面，兼有公共性与私密性的双重含义。建筑入口是建筑设计中的重要因素，不仅指门、门洞这一点状场所或线状的空间概念，还包括前沿空间和后续空间，是由引道、过道甚至庭院、广场等相关空间元素组成的空间场所。

图 5-35

图 5-36

图 5-37

图 5-38

建筑入口空间作为建筑空间体系的开端，是由外部环境到建筑内部空间的过渡。它所营造出的空间环境对街景和行人产生重要的影响。在功能上，建筑入口首先是交通的要塞，具有人流的集结与疏散，车流的导入与输出，以及人流与车流的汇合与分导等功能，既要考虑行车的汇交视距与交通安全，又要有适当的缓冲地段。在景观上，首先它是城市景观的组成部分，往往是线形景观的一个节点；其次，它是单位建筑空间的起景点，是其第一印象景。

建筑入口具有：引导空间的作用，是入口形态通过自身的造型式样、比例尺度等，形成的视觉上的标识和导引；划分空间的作用，是利用入口的设计布局，有效地、自然地划分空间；人流集散与疏导的作用，即组织引导出入口人流及交通集散。

建筑设计要与它所处的环境发生关系，街道环境决定着建筑入口的位置、朝向、大小和形态等视觉表现因素以及人们出入建筑的行为方式。为此，因地制宜和以人为本是入口空间设计的基本准则，所以应根据不同的场地特点综合考虑入口与引道、地形的关系，从而使入口空间形式与街道环境协调一致。由于建筑入口是整个建筑的焦点和人流出入集散场所，所以还要恰当地强调入口，即通过形态暗示或引导，突出其视觉特征。具体常见的强调入口空间形态设计的手法，包括"转""引""伸""扩""凹""凸""框""罩""挑"等。（图 5-39 ~ 图 5-44）

5.4.3 围墙

围墙是建筑及环境设计中最重要的元素之一，是指一种垂直向的空间隔断结构，用来围合、分割或保护某一区域，为特定环境提供保护，是设计师进行空间划分的主要手段，用来满足建筑功能、空间的要求。

图 5-39

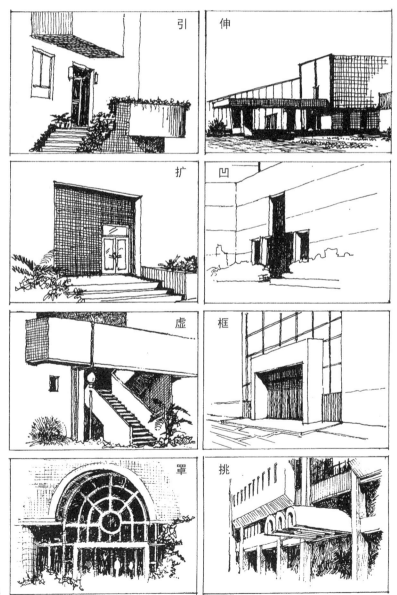

图 5-40

图 5-41

图 5-42   图 5-43

图 5-44

围墙作为建筑与城市街道对话的界面，无论对烘托建筑本身还是对丰富城市环境景观都起到不可低估的作用。特别是中国建筑的各种空间领域的限定，常采用实体围合的形式，以墙来划分内外区域。大者有万里长城，小者有一家一户的宅院。当前围墙设计应结合特定场所与环境，注重节奏韵律，强调空间虚实，讲究风格文脉，力求形式新颖，同时充分彰显城市肌理和人文内涵。（图 5-45、图 5-46）

图 5-45

图 5-46

第 6 章

城市广场空间
环境设计

广场是城市的客厅，是城市风貌及空间构成的重要因素。广场的建设对于提升环境质量、强化市民的归属感，加强城市文化性格等方面有着不可替代的社会意义。城市广场正在成为城市居民生活的一部分，它的出现被越来越多的人接受，为我们的生活空间提供了更多的物质和精神可能。城市广场作为一种城市艺术建设类型，它既承袭传统和历史，也通过其特有的艺术形态传递着城市文化。

6.1 城市广场的作用

城市广场作为城市外部公共空间体系的一种重要组成形态，具有悠久的发展历史，它和城市街道绿地、公园、开放的城市自然风貌共同构成富有特色的城市外部空间环境，在当代城市建设中，城市广场在城市设计与规划中占有极其重要的地位。

从城市的发展历史来看，欧洲中世纪的城市，除极少数是经过规划、按专家的蓝图和模型建造的外，大多数城市都是由市民们自己按活动需要自行建造，经过数百年的发展完善，市民们把文化和生活融入城市空间中，形成了富有人性化的广场空间，而这些广场构成了城市文化的缩影和居民生活的组成部分。居民在这些广场空间中彼此交往，相互认同，进行各种各样的活动，广场几乎成了市民生活的一部分。因此也可以这样认为，在人类整个定居的生活历史进程中，广场和街道一样都是城市的中心和聚会的场所，有其自发性与合理性。

现代城市建设在经过一段"功能至上"的追求后，开始认识到改善城市生态环境和生活质量的重要性。价值观念也由简单追求"经济、实用、方便"转为重视"历史、文化、环境"，从注重功能、精神要素转为注重空间和场所。现代城市广场与古典广场相比，无论在内涵还是形式上都有了很大的发展，特别表现在对城市空间的综合利用，立体复合式广场的出现，场所精神和对人的关怀，以及现代高科技手段的运用等方面。从某种意义上讲，广场是市民心目中的精神象征之一，在一定程度上体现着城市的灵魂。

现代社会所追求的交往性、娱乐性、参与性、文化性、宽松性、多样性与广场所具有的多功能、多景观、多活动、多信息、大容量的作用相吻合。广场以其在城市空间环境中特殊

图 6-1

图 6-2

图 6-3

的表现力和感染力，有巨大的凝聚力。可以说，广场是社会价值体系中物质文明达到一定高度后的精神文明的必然反映。（图 6-1）

6.2　城市广场的空间组合

6.2.1　平面型广场

　　平面型广场，是指步行、建筑出入口、广场铺地等皆位于一个平面上，或略有上升和下沉的广场形式。（图 6-2、图 6-3）

6.2.2　立体型广场

　　立体化广场是通过垂直交通系统将不同水平层面的活动场所串联为整体的空间形式。上升、下沉和地面层相互穿插组合，构成一幅既有仰视，又有俯瞰的垂直景观，它与平面型广场相比较，更具点、线、面相结合，以及层次性和戏剧性的特点，缺点是水平向度的开阔视野和活动范围相对缩小。（图 6-4）

6.3   城市广场的类型

6.3.1   宗教广场

　　早期的广场，多修建在教堂、寺庙及祠堂前面，为举行宗教庆典仪式、集会、游行所用。在广场上一般设有尖塔、宗教标志、坪台、台阶、长廊等构筑设施，以便进行宗教祭祀、布道和礼仪等活动。然而此类广场，现已兼有休息、商业、市政等活动内容。（图6–5 ~ 图6–8）

6.3.2   政府广场

　　政府广场多修建在各级政治中心，带有强烈的城市标志作用，往往设置在城市主干道便于交通集中和疏散的中心地带，具有良好的可达性和流通性，方便公众使用，主要用于集会、庆典、游行、礼仪等活动。广场大多布置公共建筑，有较大的空间规模。建筑群一般呈中轴对称布局，体现庄严稳重的整体效果。政府广场也是民众参与政事及管理城市或国家的一种象征。（图6–9 ~ 图6–12）

图 6-4

图 6-5

图 6-6

图 6-7

图 6-8（左）
图 6-9（右）

图 6-10（左）
图 6-11（右）

图 6-12

6.3.3 纪念性广场

纪念性广场主要是为纪念缅怀历史事件或历史人物而修建的，广场中建有具有重大纪念意义的建筑物及公共艺术作品。纪念性广场要突出某一主题，创造与主题相一致的环境气氛，用相应的象征、标志、碑记、纪念馆等施教的手段，通过教育感染以强化所纪念的对象，产生更大的社会效益。所以广场环境的主题、内容、设施要与所纪念的对象相和谐。（图 6-13、图 6-14）

图 6-13

图 6-14

6.3.4 商业广场

商业广场指专供商业建筑，供居民购物，进行商业活动用的广场。随着城市主要商业区和商业街的大型化、综合化和步行化的发展，商业区广场的作用显得越来越重要，人们在长时间的购物后，往往希望能在喧嚣的闹市中找一处相对宁静的场所稍做休息。因此，商业广场这一公共开敞空间要具备广场和绿地的双重特征。现代化的商业广场，往往集购物、休息、娱乐、观赏、饮食、社会交往于一体，成为社会文化生活的重要组成部分。广场空间中均以步行环境为主，内外建筑空间相互渗透，家具设施齐全，建筑小品尺度和内容极富人情味。（图 6-15、图 6-16）

图 6-15

图 6-16

6.3.5　交通广场

　　交通广场是在城市重要的交通枢纽地段中，用于解决交通集散、疏导等问题，同时也可形成重要景观节点的广场。通常为有数条交通干道的较大型的交叉广场，如大型的环形交叉、立体交叉和桥头广场等。所以需处理好广场与所衔接道路的关系，合理确定交通组织方式和广场平面布局。火车站、航空港、水运码头、城市主要道路交叉点，是人流、货流集中的枢纽地段，不仅要解决复杂的人货分流和停车场问题，同时也要合理安排广场的服务设施与景观的搭配。（图6-17、图6-18）

图 6-17

图 6-18

6.3.6　文化广场

文化广场主要是为市民提供良好的户外活动空间，满足人们休闲、交往、娱乐的功能要求，兼有代表一个城市的文化传统、风貌特色的作用。因此，文化广场常选址于代表一个城市的政治、经济、文化或商业中心地段，有较大的空间规模。在内部空间环境塑造方面常利用点、线、面结合的方式，立体结合的广场绿化、水景，保证广场具有较高的绿化覆盖率和良好的自然生态环境。

文化广场空间应具有空间层次性，通常利用地面高差、绿化、建筑小品、铺装等多种空间限定手法对广场空间作进一步限定，以满足广场内集会、庆典、表演等公共性聚集活动和朋友聚会交流等私密性活动的空间要求。在广场文化塑造方面，常利用具有鲜明的城市文化特征的公共艺术作品等元素烘托广场的地方城市文化特色，使其具有功能性、趣味性、识别性和文化性等多层意义。（图 6-19 ~ 图 6-21）

图 6-19

图 6-20

图 6-21

6.3.7 休息和娱乐广场

　　此类广场是普通意义上的休闲生活广场，是居民城市生活的重要行为场所。包括花园广场、水边广场以及各类主题特色广场，以及居住区和公共建筑前设置的公共活动空间。广场内常常布置一些可供停留休息的各种环境设施，可供观赏的植被、水景和雕塑小品，以及可供活动与交往的空地、亭台和廊架等。（图 6-22 ~ 图 6-24）

图 6-22

图 6-23

图 6-24

6.4　广场的设计原则

6.4.1　广场环境设计应赋予丰富的文化内涵

广场作为城市中的开放空间和市民生活聚会的场所，设计时要考虑到广场所处城市的历史、文化特色与价值。注重设计的文化内涵，将不同文化环境的独特差异加以深刻领悟和理解，设计出该城市、该文化环境、该时代背景下的广场。

6.4.2　广场的环境应与周边的环境相互协调

广场的空间环境设计在空间组织、风格形式和体量尺度上应与所在城市以及所处的地理位置及周边的环境、街道和建筑物等相互映衬、保持协调，共同构成城市区域的活动中心。

6.4.3　广场应有丰富的广场空间类型和结构层次

广场的空间设计应丰富广场空间的类型和结构层次，利用比例尺度、围合程度、地面质地等手法在广场整体中划分出主与从、公共与相对私密等不同功能的空间领域，以满足人们不同的活动需求。

6.4.4　广场应与周围交通组织上协调统一

城市广场的人流及车流集散，及其交通组织是保证其环境质量不受外界干扰的重要因素。其由城市交通与广场的交通组织以及广场内部交通组织两部分组成。在城市交通与广场的交通组织上，要保证由城市各区域到广场的方便性。在广场内部的交通组织上，考虑到人们参观、浏览、交往及休闲娱乐等为主要内容，结合广场的性质，很好地组织人流、车流，形成良好的内部交通组织。

6.4.5　广场应有鲜明的可识别性标志物

标志物本身就是为了提高广场的可识别性。可识别性是易辨性和易明性的总和。因此，可识别性要求事物具有独特性，针对城市广场来说，其可识别性将增强广场存在的合理性和特色价值。（图 6-25 ～图 6-30）

图 6-25

图 6-26

图 6-27

图 6-28

图 6-29

图 6-30

第 7 章

城市庭园空间
环境设计

城市庭园空间是一种特定的城市空间形式，它是人为化了的自然空间，是在某种程度上再现自然的一种景观空间形态。它具有自然的光、空气、绿化以及山水的缩影，又有相对明确的空间界限，是建筑空间的延伸和扩展，是整个城市空间的一个重要的有机组成部分，具有一定的舒适性和内聚性。因此，它既不是建筑内部空间也不是完全开放的外部空间，城市庭园是一种具有中介性与过渡性的比较中性的空间形态。

按中国的传统空间观念，庭是指堂前屋后的空地，是指平整的活动场地。庭和园相联系时，是指围合而成的活动空间。而园的涵义则是供人游赏、游玩的场所，功能上供人们纳光、乘凉、通风、换气、休息；精神上与令人畅快愉悦、舒缓抚慰等作用相联系。因此，庭园是可游、可观、可玩、可以赏心悦目放松身心的空间场所。

7.1 城市庭园的作用

7.1.1 组织功能布局

主要表现在城市布局结构中，核心式庭园布局是城市空间以一个或多个庭院空间为中心展开空间序列。这样庭院空间可将散布凌乱的动线、空间高度集结统一起来，成为空间组织的核心和枢纽。在聚合建筑空间的同时往往还在庭园空间内置以主题明确的景观或公共艺术要素，强化庭园空间的核心聚力作用。

7.1.2 过渡建筑空间

城市中到处充满着建筑与建筑的关系，城市庭园可以是开放的，人们可以从中穿越赏游；庭园也可以是相对封闭的，只供单位机构领域内的人们休闲游憩，对外人有所限制。但不论开放还是封闭，都起到疏解建筑间紧张关系的作用，同时提示建筑空间功能、性质的变化，使人们在从一个空间进入另一个空间的过程中，在视觉心理上得到暗示引导，在精神上得到舒缓放松。

7.1.3　协调城市关系

　　由于城市庭园空间的自然特质，庭园空间在建筑与城市的过渡中起到缓冲作用，缓解人工建筑环境的刻板，使人向自然复归。同时从人的空间行为角度来看，是一种城市公共生活向私密行为的转化，以满足人们有关私密性、安全感和归属感的需求，并提供给人们选择独处或是共处的自由。

7.1.4　满足精神需求

　　环境优美的庭园，可以使人们解除疲劳、恢复体力，保持活力，还可以让人们放松自我、释放情绪、体悟生活、激发灵性，满足各种心理和精神需求。同时，现代城市庭园空间还具有交往空间的特质，成为人们交流聚会、休闲娱乐活动的场所，拉近人与人彼此间的距离，从而营造社会和谐友好的环境氛围。

7.1.5　表达设计意境

　　城市庭园空间所具备的空间属性使得它在意境的表达方面具有很明显的优势。
　　庭园空间由于空间的开放而直接与自然接触，有利于自然观的表达；庭园空间的空间界域限制，便于调动设计语言发挥想象力和创造力营造理想的空间氛围；庭园空间相对的内向性又使得它容易营造静谧的空间氛围，可以为人们提供的静思、感悟的场所。（图 7-1）

图 7-1

7.2　城市庭园环境设计原则

7.2.1　绿化、美化、净化相统一

三者关系实是一种辩证统一的关系。其中绿化是主要的，绿化可以促进美化和净化，并与美化和净化相结合。没有净化措施不能保证生态环境的整洁清新，人们无法滞留；没有美化不能让人精神愉悦，心情舒畅。所以环境的生态效应要依靠三者的有机统一。（图7-2）

7.2.2　自然性、生活性、艺术性相结合

庭园贵在自然，使人从嘈杂的城市环境中脱离出来进入自然之境。同时，园景也要充满生活气息，富有人性，有利于逗留和休息。另外，要发挥庭园的效益还必须通过艺术手段，将人带入设定的情境中去，赏心悦目，心旷神怡。所以，自然性、生活性、艺术性应相互结合，相辅相成，以增强庭园的活力和艺术感染力。（图7-3）

图 7-2（上）
图 7-3（下）

图 7-4

7.2.3　硬质景观、软质景观相呼应

采用人工材料塑形的硬质景观（建筑小品、铺地、雕塑等）和利用绿化、水体造型的软质景观，应当相互兼顾。硬质景观与软质景观在造景、表意、传情方面各有短长，可以按互补的原则恰当地处理。如硬质景观突出点题入境、象征和装饰、标志等表意作用；软质景观则突出情趣、和谐、舒畅、清新、自然等唤情作用。（图 7-4）

7.2.4　时相、季相、景相的兼顾

庭园内的景物，既要考虑瞬时效应，也要考虑历时效应。园景如能常见常新、四时不衰和昼夜兼用，才能达到最高的效益。

时相，是指一日之内，早、午、晚、夜的不同时间内，园内景色的变化。如白天的光影和色彩，夜景之明暗光色等。

季相，指春、夏、秋、冬之景色变异，园内应体现春有青青，夏有浓荫，秋有红叶，冬有松柏等四时感应。

景相，是指园内的景物所表现的景色富有变化。（图 7-5、图 7-6）

图 7-5

图 7-6

7.2.5　公共性与私密性的融合

从观赏的角度，有动态观赏（游走）和静态观赏（审视）；从休息角度，群游与独处均须兼顾。所以，庭园设计中既要考虑供群体活动的空间，又要考虑个人独处的私密空间。（图 7-7）

7.2.6　点、线、面设计有机结合

点：在构园中指的是景点、线的节点视点（视线汇聚的焦点）。各个点状的景物，形成一个个视觉注意中心。所谓的步移景异，多半也是依靠各点的景物变化来实现的。

线：指带状、条状和路径两面侧之景观，如长廊、花池、行植的树木和由多点暗示的线性空间。线是联系各点的纽带，也是空间秩序的向导。对点起串联、统辖、控制、集拢等作用。庭园要达到空间深远，要靠线的引伸、断续、曲折和层次排列。如诗词中描述的"竹径通幽处""境贵乎深，不曲不深""庭院深深深几许""白云深处有人家"等意境。

面：是由线（边界、道路）所围合的界面，具有一定的包蕴性、开阔性和覆盖性。为人们提供一个视野开阔、心旷神怡、景象纷呈、公众群集的场所。在几何关系中，面是点、线的集合，含有点线所共有的成分。（图 7-8）

图 7-7

图 7-8

7.2.7   动、静空间的分区

动,是指公共性、游动性、喧闹性的空间。如儿童游戏场、游泳池、溜冰场、演艺场、球场等。静,指私密性、交往性、静态休息性的空间。在庭园布局中,应作适当的分隔,既考虑空间彼此联系,又排除相互间干扰。动静之间,在顺序上由动入静;在隔离上可通过加大距离和垂直屏障加以界定。(图 7-9)

图 7-9

7.3　城市庭园环境的类型

7.3.1　游赏性庭园

以游赏为目的的公共游赏庭园，如宾馆饭店及文化娱乐建筑的庭园。此类庭园具有流动的动态观赏性质，是供短时间停驻赏游的庭园，要求赏心悦目、心情畅快的环境氛围。（图 7-10）

7.3.2　休息性庭园

以休息为目的的自然庭园，如居住区和工作场所的庭园，属于静态观赏，需要有足够的停驻性依靠设施，既要考虑日照，又要考虑蔽荫；既要有开敞的视野，又要防止干扰，并有一定的自卫性和私密性的依托。（图 7-11、图 7-12）

图 7-10

图 7-11

图 7-12   图 7-13

图 7-14

图 7-15

7.3.3 参与性庭院

　　以参与为目的的专业性庭园，如儿童游戏场、游泳池、垂钓区等。现代环境追求高娱乐性和高参与性，不仅用视觉体验和玩赏，还要使触觉、听觉、嗅觉和味觉等参与进来。（图 7-13 ~ 图 7-15 ）

7.3.4 以综合活动为目的的城市公园

城市公园是以综合性休闲活动为目的的公共活动中心，既有足够大的规模又具有完善的休闲娱乐功能，还有配套的各种环境设施。（图 7-16 ~ 图 7-18）

图 7-16

图 7-17

图 7-18

7.4　城市居住区庭园环境设计

居住区是人们城市生活的家园，居住区环境建设直接影响着人们的生活质量。随着社会的发展，城市居民对环境质量的要求已越来越高。居民对住宅需求已逐渐从"居者有其屋"的普通住宅转向了"居者优其屋"的有益身心健康的绿色住宅。宜人的环境已成为住宅小区最基本的要素，并且直接关系到小区的整体水平及质量。人们现已比较深入地意识到人居环境对提高生活质量的重要意义，因此，居住区景观设计要紧紧围绕满足居民对环境质量的需要，着重考虑安排居民日常生活活动设施和提供居民共享的休憩场所等景观要素，使居住区环境设计达到宜人、温馨、舒适、健康和节能的目标。

7.4.1　居住区环境设计的要点

（1）设计主题

居住区景观环境设计，并不仅仅是单纯地从美学和功能角度对空间环境构成要素进行组合配置，更要注重文化意义的表达和意境的创造。例如结合楼盘的整体定位，表达某种特定的环境主题。通过巧妙构思和设计立意，给人们的生活环境带来更多的诗情画意。居住区环境景观形态，成为表达整个居住区形象、风格特色以及可识别性的载体。

（2）设计范围

各类硬质铺装、园景小品、休息设施、植物配置以及道路、公共服务设施、建筑形态及其界面等都在居住区景观环境设计范围之内，大大超越了传统的"绿化、场地和小品"简单叠加模式的设计对象范围。居住区环境景观设计不仅体现在各种造景要素的组织、策划上，而且还参与到居住空间形态的塑造、空间环境氛围的创造上。同时，景观设计将居住区环境视作城市环境的有机组成部分，从而在更大范围内协调居住区环境与区域环境的关系。

（3）设计过程

现代景观设计模式改变了以往那种完成以后，再作环境点缀和修饰的做法，使环境设计参与居住区规划的全过程，从而保证与总体规划、建筑设计协调统一，保证小区开发最大限度地利用自然地形、地貌和植被资源，使设计的总体构思能够得到更好的表达。

（4）设计手法

居住区景观组织并不拘于某种风格流派，而是根据具体的设计主题而定，但始终要追求宜人宜居的生活环境和视觉审美效果。景观设计拓展了中西方古典风景园林的构图手法，大胆借鉴了现代设计理念和艺术创意手法，丰富和发展了传统的园林设计方法。设计的目的是为人们创造可观、可游、可参与其中的居住环境，提供轻松舒适的自然空间，为人们营造诗意的栖居环境空间。

7.4.2　居住区环境设计的内涵

（1）确立以人为本思想

以人为本指导思想的确立，是当前环境设计理念的一个重要依据，居住区环境设计由单纯的绿化及设施配置，向营造能够全面满足人的各层次需求的生活环境转化。以人为本精神体现在空间的舒适性、适用性和多样性上，对人的关怀则往往体现在近人的细致尺度上（如各种设施小品等），可谓于细微之处见匠心。因此，景观设计更多的从人体工程学、行为学以及人的需求出发研究人们的日常生活活动，并以此作为设计原则。创造适于居住的生活环境，更多的需要建立在居住实态的调查研究之上。

（2）融入生态设计理念

生态设计思想的融入和当前低碳设计理念使环境设计将城市居住区环境的各构成要素视为一个整体生态系统；使环境设计从单纯的物质空间形态设计转向居住区整体生态环境的设计；使居住区从人工环境走向绿色的自然化环境。基于生态的环境设计思想，不仅仅是追求视觉美学效果，还更注重居住区环境内部的生态效果。例如绿化不仅要有较高的绿地率，还要考虑植物群落的生态效应，乔、灌、草结构的科学配置；居住区环境的水环境则要考虑水系统的循环使用等。

（3）追求自然生活情趣

时代的演进和社会的发展，使人们的居住模式发生了深刻的变化，人们在工作之余有了更多的休闲时间，也将会有更多的时间停留在居住区环境内休闲娱乐。因此，对生活情趣的追求要求各种小品、设施等造景要素，不仅在功能上符合人们的生活行为，而且要有相应的文化品位，为人们在家居生活之余提供富有生活情趣的空间环境。

（4）注重动态的景观效果

在静态构图上，景观设计讲求图案的构成和悦目的视觉感染力，但景观设计更为重视造景要素的流线组织，以线状景观路线串起一系列的景观节点，形成居民区景观轴线，形成有序的、富于变化的景观序列，如各种绿轴、蓝轴等。这种流动的空间产生丰富多变的景观效应，使人获得丰富的空间体验与情趣体验，对构筑居住区的文化氛围和增强可识别性起到积极作用。

（5）强调环境的可参与性

居住区环境设计，只是为了营造人的视觉景观效果，其最终目的还是为了居者的使用。居住区环境是人们接触自然、亲近自然的场所，居住者的参与使居住区环境成为人与自然交融的空间。例如，一些居住区通过各种喷泉、流水、泳池等水环境，营造可观、可游、可戏的亲水空间，受到人们的喜爱。

（6）兼顾观赏性和实用性

居住区园林景观环境必须同时兼顾观赏性和实用性，在绿地系统布局中形成开放性格局，布置有利于发展人际关系的空间，使人轻松自如地融入周围群体，让每一个居民随时随地都享受新鲜空气、阳光、绿色与和谐的人际关系，成为居民理想中的生活乐园。

（7）开放系统的设计观念

景观设计不再强调居住区空间环境绿地设置的分级，不拘于各级绿地相应的配置要求，而是强调居住区为全体居民所共有，居住区景观为全体住户所共享。开放性的设计思想力求分级配置绿地的界限，使整个居住区的绿地配置、景观组织通过流动空间形成网络型的绿地生态系统。

（8）营造主题化的环境空间

以某种主题为主的居住区环境设计，或营造独特的社区文化、艺术氛围，或表达对某种生活情调的追求，能够有针对性地满足当前社会多元化需求中特定群体的需求。设计的主题思想既可以从市场定位出发，又可以从居住区区位环境的景观特质中提炼出来。（图 7-19 ~ 图 7-21）

7.4.3　居住区环境中的绿化设计

居住区在城市用地中一般占有 40% ~ 50% 的用地面积，其绿地面积应占小区面积的 30% 以上。故而其绿化对城市的影响是很大的，它也是城市绿地系统中的重要组成部分。

图 7-19

图 7-20　　　　　　　　　　　　　　　　图 7-21

（1）居住区绿化的作用

丰富生活：居住区绿地中设有老人、青少年和儿童活动的场地和设施，使居民在住宅附近能进行运动、游戏、散步和休息、社交等活动。

美化环境：绿化种植对建筑、设施和场地能够起到衬托、显露或遮隐的作用，还可用绿化组织空间、美化居住环境。

改善小气候：绿化使相对湿度增加而降低夏季气温。能减低大风的风速；在无风时，由于绿地比建筑地段的气温低，因而产生冷热空气的环流，出现小气候微风；在夏季可以利用绿化引导气流，以增强居住区的通风效果。

保护环境卫生：绿化能够净化空气，吸附尘埃和有害气体，阻挡噪声，有利于环境卫生。

避灾：在地震、战争时期能利用绿地隐蔽疏散，起到避灾作用。

保持坡地的稳定：在起伏的地形和河湖岸边，由于植物根系的作用，绿地能防止水土的流失，维护坡岸和地形的稳定。

（2）居住区绿化设计原则

居住区的绿化设计应强调人性化意识，考虑人在使用中的心理需要与观赏心理需要吻合，做到景为人用。在住宅入口、公共走廊直到分户入口，都引入绿化，使人们在日常生

图 7-22

活的每一个节点都能够接触到绿化，绿化环境不仅仅是一块绿地，而是一个连续完整的系统。（图 7-22）

（3）居住区绿化植物配置

居住区是与人们生活息息相关的场所。居住区绿地便成为人们追逐自然与户外活动最便捷的场所。居民对住区绿地的使用频率远远高于城市公园。在植物配置上，应体现出季节的变化，至少做到三季有花；在植物种类上应有一定的新优植物的应用。不同地带一定面积的小区内木本植物种类应达到一定数量；在乔木、灌木、草本、藤本等植物类型的配置上应有一定的搭配组合，尽可能做到立体群落种植，以最大限度地发挥植物的生态效益。

随着全球的可持续发展进程，世界范围内提出保护生物多样性。作为城市环境重要组成部分的居住区绿地应成为城市生物多样性保护的开放空间。居住区绿地中的人工植物群落应是在城市环境中，模拟自然而营造的适合本地区的自然地理条件，结构配置合理、层次丰富、物种关系协调、景观自然和谐的园林植物群落。少种植过于娇贵的植物，通过植物自然的生长营造良好的生态环境，也不会给后期的养护带来负担。居住区绿地应是为人服务的地方，应集中体现城市绿地的价值，在植物种类上应达到一定的数量。通过调查发现不同地区的城市，其植物种类因气候土壤的条件差异而有所不同，一般中等面积的小区中木本植物种类数应能达到当地常用木本植物种数的 40% 以上。

良好的居住区环境绿化除了应有一定数量的植物种类的种植，还应有植物类型和组成层次的多样性作基础，特别应在植物配置上运用一定量的花卉植物来体现季相的变化。在住宅的各个角落，应多种植一些芳香类的植物，如白兰、黄兰、含笑、桂花、散尾棕、夜来香等，营造怡人的香味环境，舒缓人们的神经，调节人们的情绪。

居住区环境中的绿化设计还应注意以下原则：①注重生态效益、观赏效益与经济效益相结合。乔木的生态效益要比灌木、草地的高，树冠开展的落叶阔叶树价格昂贵。此外，环保植物可起到绿化、净化、滞尘、隔声、防火、降噪等多项功能，可针对不同的生态区位条件有选择地配置环保品种。②减少硬质场地的使用，从而扩大自然绿化。居住区的广场及其他活动设施应根据居民的数量和使用的频率来确定规模，不应盲目攀大，追求气派，可通过法定条例来避免住区使用大面积的硬质地面。同时，通过采用铺装植草砖，将住区的停车场等地，变成积极的绿地系统的一部分。③处理好住宅与绿化的过渡关系。住宅底层院落应尽量采用镂空围墙或低矮的绿篱，以加强建筑与环境的渗透与交融，封闭的围墙不仅隔断了户内外的联系，而且生硬地阻碍了人与自然的顺畅交流。

综上，按照居住区环境设计理念所创造出来的景观生态模式，能够完善城市居民住宅及城市生态系统，提高城市居住区环境的质量。优美宜人的居住区环境作为城市环境的有机组成部分，亦能够提升城市的区域环境质量。景观生态模式，将城市居住区环境设计提高到协调人与环境、人与自然关系的层面上。

第 8 章

城市环境设施
设计

城市环境设施是城市管理部门统一设计规划的具有多项功能的综合服务系统，它是为满足人们的需求而设置在人造环境景观与自然景观中的具有使用功能的人工设施。环境设施的设计既可以具有使用功能、界定空间、景观标识的作用，还可以影响人们的环境社会生活品质，良好的城市环境设施设计与布局还是公共空间中最富有吸引力的许多活动的前提，是触发人们积极使用城市户外环境的重要因素，是支持人的行为活动的道具。

8.1 环境设施设计的概念

环境设施的概念产生于英国，有"街道的家具"的含义。环境设施设计一般是指城市公共环境中为人们活动提供条件或一定质量保障的各种公用服务设施系统以及相应的识别系统。它是为满足人类的需求而设置在人造环境景观与自然景观中的具有使用功能的人工设施设计，泛指城市环境中具有一定形式美感的、有特定功能的、为空间环境所需的人为构筑设施。

随着社会经济的发展和城市化的进程，人们的生活价值观念也发生着变化，对生存的环境质量有了更高的要求。尤其在城市空间环境设计中，出现了大量的功能和形式相结合的环境设施，这些环境设施将成为现代城市环境中不可缺少的人性化要素，同建筑与景观设计共同表述了更具功能性与亲和力的城市风貌。这些环境设施不仅反映着城市的个性和风格，也可以引导人们的行为，从而提高空间环境的质量。因此，良好的环境设施设计能为人们提供更安全、健康、舒适、高效的生活，并在城市环境中发挥着越来越重要的作用。（图8-1）

图 8-1

8.2　环境设施设计的意义

环境设施不仅是城市景观环境的重要组成部分，它也已经成为城市景观环境中不可或缺的功能系统化要素。它与建筑物共同构筑了城市空间环境的形象，反映了一个城市的景观特色，表现了城市的性格与气质，以及城市的经济发展状况和城市的精神品格。

环境设施与城市的社会环境、经济环境、人文环境有着较为密切的联系。它属于环境景观规划的范畴，是城市规划和市政建设的组成部分。环境设施的设计应更加注重与自然、环境、建筑融为一体进行整体性设计，这样才能增强环境设施设计的实际意义。

环境设施不仅是空间环境中的设计元素，更是环境景观的创造者，在空间环境中扮演着非常重要的角色。环境设施的存在，为空间环境赋予了积极的内容和意义，完善了人们的行为和生活方式，丰富和提高了城市景观的品质，促进了人们的生活质量的提高，使潜在的环境变成了有效的环境景观。

现代环境设施以整体性、科学性、艺术性、文化性、休闲性的形象展现在现代城市景观环境中，与人们的生活行为息息相关。它在一定程度上是社会经济、文化的载体与映射，也是人的观念、思想的综合表象。城市的发展带动人们对环境景观的要求不断提高，需要不同功能、不同形态的高质量、高效率、高技术的环境设施。这些环境设施不仅为城市空间环境提供了具体的功能，而且也反映了对人的关怀，环境设施的设计是"以人为本"的环境物化体现。

环境设施的设计、施工和使用反映出一座城市的文化基础、管理水准及市民的文化修养。环境设施的设计不能停留在表面层次上，而是包含在文化形象中的空间景观环境，更需要与时代发展相适应，运用高技术注入情感因素，进行高品质、高格调的设计。（图 8-2）

图 8-2

8.3   环境设施设计的类型

8.3.1   公用系统设施

城市空间的公用系统设施是城市空间环境整体化的重要组成要素，它不仅在城市户外活动场所为人们提供休息、交流、活动、通信等必要的使用设施，还因其所具有的特殊功效，构成了室外空间景观环境的重要部分，增加了城市空间的设计品格与魅力。当前，高效率、高科技的城市化发展，与之相适应的公用系统设施也日益受到了人们的重视。公用系统设施在应用形式和视觉形式效果等方面，也在逐渐完善和提高。

公用系统设施主要包括信息设施、卫生设施、交通设施、休息设施、游乐设施等。

（1）信息设施

信息设施种类繁多，包括以传达视觉信息为主题的标志设施、广告系统和以传递听觉信息为主的声音传播设施。在日常生活中具体接触到的形式主要有：标志、街钟、电话亭、钟塔、售货亭、音响设备、信息终端、宣传栏等。

（2）卫生设施

卫生设施主要是为保持城市市政环境卫生清洁而设置的具有各种功能的装置器具。这类设施主要有：垃圾箱、烟灰缸、雨水井、饮水器、洗手器、公共厕所等。

（3）交通设施

城市空间环境中，围绕交通安全方面的环境设施多种多样，其目的也各不相同。大到汽车停车场、人行天桥，小到道路护栏、公交车站点都属于交通设施，在我们周边环境中经常接触到的还有通道、台阶、坡道、道路铺设、自行车停放处等交通设施。

（4）休息设施

休息设施是直接服务于人的设施之一，最能体现对人的关怀。在城市空间场所中，休息设施是人们利用率最高的设施。休息设施以椅凳为主，也可设置适当的休息廊，主要设置在街道小区、广场、公园等处，以供人休息、交流、观赏等。

（5）游乐设施

游乐设施通常包括静态、动态和复合形式三类，它们适合的人群有所不同。儿童和成年所需设施在活动内容和活动场地规模方面均有很大的区别。（图8-3、图8-4）

8.3.2   景观系统设施

景观系统设施作为城市景观环境的组成要素，通常有硬质与软质之分。如建筑小品、传播设施、景观雕塑等由各种人工要素构成的属于城市硬质景观设施；具有自然属性景观要素的如绿化、水体等属于软质景观设施。

图 8-3　　　　　　　　　　　　　　　图 8-4

（1）建筑小品

建筑小品作为建筑空间的附属设施，必须与所处的空间环境相融合，同时还应有其本身的个性。在建筑空间环境中除有其使用功能外，还应在视觉上有一定的艺术象征作用，有些建筑小品甚至在空间环境中担当主导角色。具体包括围墙、大门、亭、棚、廊、架、柱、步行桥、景观小品等。

（2）水景设施

水是自然界中最具灵气的物质之一，是城市空间环境中表现生命动感的重要因素。按水景形态可分：池水、流水、喷水、落水等水景设施。反映出水体存在着平静、流动、喷涌和跌落四种自然状态。

（3）绿化设施

植物是自然界最具生命力的物质之一。绿化则是以各类植物构成空间景观环境，是体现城市环境生命力的重要因素。具有绿化设施特征的主要有树池、盆景、种植器、花坛、绿地等。

（4）传播设施

传播设施是城市空间环境中具有一定商业作用，同时具有环境美化作用的环境设施。一般有壁画、道路广告、灯箱广告、商业橱窗、立体 POP、活动性设施等。

（5）景观雕塑

景观雕塑以其实体的造型语言与所处的空间环境共同构成一种表达生命与运动的艺术作品。它不仅反映着城市精神和时代风貌，还对表现和提高城市空间环境的艺术境界和人文境界均具有重大意义。

对景观雕塑进行分类的方法很多，按其艺术处理形式可分为具象雕塑、抽象雕塑和装置构件；按其在城市环境中的功能作用不同，可分为纪念性景观雕塑、主题性景观雕塑、装饰性景观雕塑等。（图 8-5 ~ 图 8-10）

图 8-5

图 8-6

图 8-7

图 8-8

图 8-9

图 8-10

8.3.3　安全系统设施

安全系统设施是城市空间环境中最具人性化的设施，它不仅是其他系统设施存在的基础条件，而且为人们安全使用设施提供保障。安全系统设施是"以人为本"设计理念的直接体现。

安全系统设施主要包括管理设施、标识性设施、无障碍设施等。

（1）管理设施

城市管理设施主要包括路面管理、电气管理、控制设施、消防管理等。其中消防管理有埋设型和地上设置型两类，地上设置型包括防火水管箱、防火水箱和柱型消火栓三种。路面管理包括各类井盖设施和警巡岗亭、收费处等组成的管理亭类。

（2）标识性设施

标识性安全导向设施包括以引导人的安全行动为目的的指示标识、以警告人们注意危险为目的的规定性标识等。（图 8-11）

（3）无障碍设施

无障碍设施是为生活、活动受限制者或丧失者提供和创造便利与安全的环境设施，为他们能平等参与社会生活提供便利条件。一般针对使用功能，可分为交通、信息、卫生等无障碍设施。（图 8-12）

8.3.4　照明系统设施

随着现代城市建设和商业的高速发展，夜景景观成为城市环境的一道亮丽的风景。人们对夜景景观照明的作用更加重视，它不仅可以提高夜间交通效率，保障夜间交通安全，还是营造高质量的现代城市夜景景观的重要手法。

照明系统设施是环境设计中非常重要的一环，照明系统设施主要有道路照明设施、商业街（步行街）照明设施、庭园照明设施、广场照明设施、配景照明设施等。（图 8-13）

图 8-11

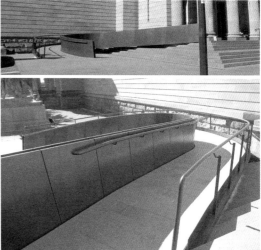

图 8-12

图 8-13

8.4　环境设施设计的内容

8.4.1　公共系统设施设计

（1）信息设施

a. 标志

标志是信息设施的最基本的内容，具有显著的标识作用和通俗易懂的特点，往往通过文字、图示等视觉形式传达信息及表示区域、地点和场所的名称，提高环境识别的便利性。公共信息标志已被人们广泛认同和推广。

b. 街钟

在城市步行环境中，街钟是不可缺少的传统设施。为了方便行人准确掌握时间，街钟作为计时工具越来越多地出现在现代城市广场、商业街、公园等公共空间。

街钟可独立设置，也可与建筑物相结合，或与其他环境设施结合设计。由于街钟往往需要一定的高度，容易成为空间环境中的视觉焦点，在设计时应重点注意其造型结构，且尽量结合地域特征以反映地方特色。

c. 宣传栏

在街道、社区等人群较为密集的地方，往往会设置一定数量的宣传栏，以把最新信息传达给公众，宣传栏既有传统的展板形式，也有现代的电子屏形式。

宣传栏要根据不同的使用需求，在造型、色彩设计时有所侧重，要跟周围环境协调。因其使用频率较高，所以选用的材料要牢固、经济，以免被破坏。

d. 电话亭

公用电话亭是常见的城市信息设施之一。虽然在现代城市里移动电话已经非常普遍，但有些地方老人、儿童急需帮助或报警时等仍需要公用电话亭。电话亭作为城市传统景观的组成要素，具有传承空间历史记忆、丰富城市空间环境的作用。

e. 信息终端

信息终端这种设施是当今信息科技发展的产物。这种自助式的平台能够储存更多的信息，能更方便快捷地满足不同人群的需要。如自助售货设施、自助信息查询等。设计时针对其为高科技产品，在造型和选材上尽量体现现代感和技术感。

f. 售货亭

随着现代城市商业的不断发展，空间环境质量的提升，售货亭随处可见，这种兼具服务和提供信息功能的售货亭，已在城市公共环境中成为不可缺少的环境设施。（图 8-14 ~ 图 8-16）

（2）卫生设施

为提高城市公共空间环境的卫生水平，满足户外活动的人对卫生条件的需求，满足人对整体环境视觉上美的需求，而需设置相应的卫生设施。此类环境设施的设置需要与排水、

图 8-14

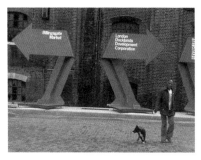

图 8-15　　　　　　　　　　　　　　　　　　图 8-16

供水等系统联合组织实施，并尽量做到使用者和管理者的相互配合。

a. 垃圾箱、烟灰缸

垃圾箱，是反映一个城市文明程度和居民文化素养的标志，是为保持公共活动场所的清洁卫生而设置，一般设在道路两侧和人群驻足集中之处。有的垃圾箱还附带着烟灰缸功能。（图 8-17）

b. 公共厕所

公共厕所是城市生活中不可缺少的一种卫生设施。我国长期以来在公厕的结构、造型及管理方面都存在着不足，有些地方在街道、交通枢纽站及其他的公共场合中公共厕所数量较少，这给行人带来了极大的不便。因此，应当设计出在结构上更加合理，造型上更加美观，使用功能上更加卫生的公共厕所，让其作为景观建筑成为城市景观环境的一部分。（图 8-18）

图 8-17　　　　　　　　　　　　　　　　　　图 8-18

图 8-19

（3）交通设施

在城市公共空间环境中，交通设施是不可缺少的设施之一。它们不仅能改善城市交通环境的质量，还可在细节处理上体现对人的关注，并具有亲和的形象，塑造着城市的活力。

a. 停车场

随着社会经济的发展，汽车产业发展迅速，私家车的数量与日俱增，停车问题日趋明显，停车位的需求越来越大。因此停车场在城市空间中应运而生，传统意义上的停车方式已不能满足现状，有待于改进创新，地下车库、阶层车库、立体车库等形式已在逐渐增多。（图 8-19）

b. 自行车停放处

城市公共空间中许多公共场所都应考虑设置一定面积的自行车停放处，必要时还应设置自行车架。车架的设计形式有带轮槽的预制混凝土台架，有卡放车轮的钢筋支承架，还有依附于栏杆等其他公共设施上的连体停车架。（图 8-20、图 8-21）

c. 道路分隔设施

在城市空间环境中，道路分隔设施的种类很多，根据用途的不同主要有防护栏杆和隔离设施两类，这些设施的示意功能较强，以提高人们的安全意识，起到分隔人行、车行空间等作用。

防护栏杆是街道空间环境设计中不可缺少的交通设施。防护栏杆是一种水平连续重复出现的构件。其造型别致、色彩明快、高度适宜、疏密得当，给人以整齐、秩序、精致、舒适的感觉。防护栏杆用于道路两侧可防止行人随意跨越马路，以达到完全分隔效果。防护栏杆常用的材料有铸铁、不锈钢、混凝土、木材及石材等。

除了防护栏杆这种比较明显的分隔设施外，还有些隔离设施只是作为象征性而设置的。如石礅、石柱、车挡、缆柱等。道路上石礅、石柱的主要功能并不在于实际上的分隔，而是要形成一种心理上的隔离；车挡有固定的，也有可移动的，车挡尺度不宜过大，车挡的高度一般为 70 厘米左右，设置间隔为 60 厘米左右。过高会给人以视线上的阻滞感，达不到空间上隔而不断的效果；另外，有的缆柱还内藏链条，缆柱所使用的材料种类很多，如

图 8-20   图 8-21

图 8-22

铸铁、不锈钢、混凝土、石材等，常用于步行区和机动车道路之间，有的可作为街道坐凳使用。（图 8-22、图 8-23）

　　d. 公共交通站点

　　公共交通站点是城市公交系统重要的组成部分，是评价一个城市的文明程度和物质发展水平的重要指标。它的主要功能体现在保障人们在候车、上下车时的安全性和方便性。（图 8-24）

　　（4）休息设施

　　休息不仅是人的生理机能上的休憩，还有人的思想、情绪放松的精神休息。所以休息设施的设置充分体现了社会对人的关爱，有利于人与人之间的相互沟通，是社会文明程度的体现。（图 8-25、图 8-26）

图 8-23

图 8-24

图 8-25

图 8-26

（5）游乐设施

a. 儿童游乐设施

孩子的游戏过程实际上也是一个成长的过程，孩子通过大脑来指挥和协调游戏的行动，反过来游戏也在刺激大脑的发展。好的儿童游乐设施设计，是要用这些游戏器械把儿童共同的特点与爱好联系在一起，交流、协作、体会群体的快乐。所以设计儿童游戏设施应该是提供给孩子们更好、更容易的相互交流的机会。（图 8-27 ~ 图 8-29）

b. 老年人健身设施

近年来，随着人口老龄化现象的逐渐显现，关爱老人，呵护老人，特别是给老人建立一个有益、合理、安全的健身场所显得尤为重要。（图 8-30）

图 8-27

图 8-29

图 8-28

图 8-30

8.4.2　景观体统设施设计

（1）建筑小品

a. 围墙

在城市空间环境中，围墙是比较普遍的限定单位空间的方法。人们为获得安全感，就必须考虑设置分隔、围合设施，围墙是限定空间的重要要素之一，是划分空间、隔断人流的重要手段，在使用功能上起到防卫、分隔的安全作用。随着空间功能的变化和设计理念的提升，围墙作为组成空间环境的设施，在设计中除了必须具备实用功能外，还应加入科技含量较高的现代材料和设备，更加注重其美化和装饰环境的功能，突出其在视觉上的艺术效果，对改善城市整体景观起到更大的作用。

b. 大门

在城市空间环境中，建筑入口及大门是环境设施的重要组成部分，它们的内容丰富多彩，形式多种多样。

大门的形象影响着整个环境的风格，大门的尺度应同时考虑到人体尺度和空间环境的尺度，符合具体的功能要求，做到视觉上的安全和平衡感。

c. 棚、廊

棚、廊的功能是为了满足休息、娱乐、通行、分隔、联系空间的需要。在总体布局上，其位置无一定限制，水边、绿地、平台、墙边、门前都可设置。

棚的概念和形式比亭更大，其用途决定它的设计形式和位置。棚、廊均有临时型和永久型两种。

d. 架、柱

架、柱在城市空间环境中，同样也起到满足人们休息、通行、限定、联系空间和美化、点缀环境的功效。

架与棚、廊的区别在于顶部的封闭程度，架有顶却透空，其装饰性更强，常常与攀援植物结合而成立体绿化，形成独特的空间性格。（图 8-31 ~ 图 8-35）

图 8-31　　　　　　　　　　　　　　图 8-32

图 8-33　　　　　　　　　　　　　　图 8-34

图 8-35

（2）水景设施

水是生命之源，与人类的生活息息相关，是人类赖以生存的最重要的物质之一。自然界的水体有静态和动态两种形态。静态的水给人以心理上宁静和舒坦之感；动态的水以其动势和声响，创造出一种热闹和引人入胜的环境气氛。不同形态的水会使人产生不同的视感，配合特定空间环境进行组织设计，既可获得相得益彰的功效，又可创造特定的视觉主题。

在现代城市空间环境设计中，常以"水"为题材，创造出以水为主体或以水为中心的空间环境。水景与雕塑、绿化等设施相互构成的有机环境生态景观已成为城市文化的魅力体现，也充分表明了人们向往大自然，追求美好景观环境的情感。（图 8-36 ~ 图 8-39）

图 8-36（左）
图 8-37（右）

图 8-38   图 8-39

（3）绿化设施

绿化是城市景观设计中的基本内容，是城市空间体现生命力的重要设施要素之一，是城市环境设施中不可或缺的一部分。绿化设施设计应了解各类植物具有的习性、生态等功效，熟悉各类植物的生态、观赏等特征。（图 8-40 ~ 图 8-42）

（4）传播设施

a. 壁画

随着现代工艺技术和材料技术的发展，壁画在现代城市空间环境中具有举足轻重的作用，壁画的形式和材料也出现了日新月异的变化，现代壁画已经脱离了单纯的保护和装饰建筑物的作用，开始和建筑空间环境紧密结合，追求壁画的形式和建筑主体的有机结合。

图 8-40   图 8-41

图 8-42

b. 道路广告

道路广告是一种专门设置在道路两侧，呈平面及立体造型，传达商业信息的立体形态广告设施。主要以宣传和推销商品为目的，通常制作成大幅画面安装在特制的框架上，并配以灯光照明。由于道路广告具有色彩鲜艳、画面醒目逼真、立体感强、再现商品魅力等特点，易于被人们接受，所以深受行人的欢迎和广告主的青睐，在户外广告中被采用得较为普遍。

由于道路广告已成为一种覆盖面很广的户外广告媒体，对城市环境的影响较大。因此，对道路广告的设计与安放应有宏观的规划和定位。

c. 灯箱广告

灯箱广告主要是在夜间以展示商品或信息的一种传播工具。它由灯具、箱体和画面三部分组成，灯箱广告大多设置在商店内外、街头或路边等地方。灯箱广告通过箱体内灯光照明，使箱面上的画面产生强烈的光彩效果，在夜晚幽暗之时，给夜晚增添了亮丽的色彩，美化了城市，也吸引过往行人的兴趣和注意力，同时还对行人夜间行走提供了方便。

d. 商业橱窗

商业橱窗是展示商品的一个重要形式，它不仅是商场推销商品的窗口，还是对建筑形体的装点。橱窗设计的要点主要是对商品的选择、组合、陈列以及配合道具、色彩、灯光等方面的设计。对城市而言，多姿多彩的橱窗成了城市商业文化不可缺少的点缀。因此设计在追求形态美的同时，还要体现出强烈的商业气息，让人接受美的吸引后，对商品产生好感，从而产生购买欲望。

e. 立体 POP

POP 广告是 POINT OF PURCHASE 的英文缩写，意为销售点或购物场所的广告。它是一种在销售点进行的、具有广告宣传特征的展示形式。在商业活动中，POP 广告是一种非常活跃的促销形式，它与商品同置一个空间并紧密结合起来，可以直接影响到商品销售，所以被认为是产品促销的广告。

POP 广告可以分为：消费者可以从各个角度观看的悬挂式 POP；与商品紧密联系的柜台式 POP；具有装饰效果的墙壁 POP；有与人同大或比人还要大的立地式 POP；具有节日气氛的吊旗式 POP；放置在橱窗内的展示 POP；还有动态 POP、光源 POP 等。

f. 活动性设施

活动性设施是指在节庆日期间，为了吸引顾客或者渲染喜庆氛围而在室内外搭建的临时性设施。街头悬挂的灯笼、建筑装饰的彩门、鲜艳的旗帜等都属于此。近几年，各地的旅游、购物活动异常火爆。为了在追求喜庆氛围的同时，也追求形式的新颖性以期更大限度地吸引顾客的眼球，其中比较重要的一种手段就是在商场建筑内外和购物环境中增添节日喜庆气氛的活动性展示设施。（图 8-43 ～图 8-47）

图 8-43　　　　　　　　　　　　　图 8-44

图 8-45　　　　　　　　　图 8-46　　　　　　　　　图 8-47

8.4.3　安全系统设施设计

（1）管理设施设计

随着城市的发展，城市中作为管理功能的设施种类越来越丰富。为使这些管理设施有较为系统的设计与管理，要在城市、区域规划的初始阶段，考虑空间环境管理的各个环节。这样管理设施才能真正意义上成为城市的管理系统，具有一定的秩序与便利性，可随时处理突发事件，提供安全保障，才能满足人们的各方面需求，从而体现城市的活力和魅力。

a. 消防栓及灭火器

消防栓是城市空间环境中主要的消防设施，设置于地面上的消防栓出于保护、使用和耐用的考虑，多半采用金属材料，一般约 100 米间距设置一个，高度约为 75 厘米，以鲜明的色彩来体现其识别性，并融入城市空间环境中。埋设型的消防栓，通常使用金属材料，其盖面与地面铺设统一设计，或设置在建筑墙体内，使消防栓不至于影响道路及周边环境。

灭火器是常见的小型消防器材，常悬挂在墙壁上，让其与空间环境相融合，常采用明确的标识和配套设施，这样容易被人发现和使用。

b. 管理亭

为满足现代城市的发展需要，出现了大量的收费亭、管理亭等城市空间的景观小建筑。如住宅区内的岗亭、街道上的治安岗亭、交通停车处的收费亭、街道保洁亭等。这些管理用亭，必须具有该区域建筑与景观的特点，同时作为独立的管理设施，又要具有基本的功能特征和形象。

管理亭的设计要同场地规划、使用需求、使用目的等相统一，其大小规模根据使用人数而定，一般以 1 人为 2 ～ 3 米为宜，如需设置其他配套设施，其面积可适当加大。

各类管理用亭作为独立的环境设施，其造型应与其他售货亭等建筑小品相区别，可通过形态、色彩显示各自不同的功能特点，并以明确的造型获得人们的视觉识别。

c. 井盖设施

城市道路下的很多管道、线路等设施逐渐由地上转向地下。这样便出现了路面井盖，由于这些井盖由不同部门、单位各自自行安装，井盖的大小、材料、形态各不相同，配置又缺少秩序化，以至于道路地面显得杂乱无章。为使井盖设施能与地面其他设施相互协调，对井盖规格、造型的统一安排与设计，就显得格外重要。

井盖作为安全设施系统的一部分，它的基本形状一般为圆形、方形和格栅形。以铸铁为主要材料，也有与其他地面铺设材料统一的井盖，盖面的规格大小、图形纹样等的变化，会对广场、街道等城市公共空间的地面景观产生很大的影响。（图 8-48、图 8-49 ）

图 8-48

图 8-49   图 8-50

（2）无障碍设计

无障碍设施系统是专为生活活动受限制者或丧失者设计的设施。在建筑、广场、公园、街道等城市公共空间为其使用提供方便，要求根据使用性质在规定范围内实施标准设计。（图 8-50）

8.4.4 照明系统设施设计

（1）灯具的类型

城市空间环境的照明灯具用来固定和保护光源，并调整光线的投射方向，设计中考虑灯具造型的同时还应考虑防触电性能、防水防尘性能、光学性能等。城市空间环境的照明灯具主要有柱杆式灯、广场塔灯、园林灯、草坪灯、水池灯、地灯、壁灯、彩灯、串灯、霓虹灯、节能射灯等。（图 8-51）

（2）各种区域的照明

城市夜景照明是用灯光重塑城市景观的夜间形象，是一个城市的社会进步、经济发展和风貌特征的重要体现。人们已逐步认识到城市夜景照明是一项系统工程，它包括城市的建筑物、道路、街道、广场、公园、绿化及水体等城市其他附属设施。根据城市景观元素

图 8–51

的地位、作用和特征等因素，从宏观上规定照明的艺术风格、照明水平、照明色调等，组织成一个完整的照明体系，作为城市夜景建设的依据。

a. 道路照明

照明良好的道路，不仅有利于交通效率的提高，而且可以减少交通事故，从而提高交通的安全性。同时，道路照明还要考虑光的高度与色彩、灯具的位置与造型等，即使在白天，灯具也会成为装点城市的要素。

b. 商业街照明

现代都市中的商业街主要是满足市民的购物、休闲、娱乐、交往等活动的场所，是城市中最具活力的公共空间环境之一，主要由车行道和步行道组成，其照明要求除满足部分机动车外，更应重点考虑非机动车和行人夜晚出行和行动的便利性。

c. 庭院照明

一般庭院的面积较小，有着安宁、幽静的特点，其照明方式应与之相匹配，常以安全为主的视线照明，一般自上方投射为宜，为避免眩光往往采用间接照明方式的汞灯照明器，或小功率高显色高压钠灯、金属卤化物灯、高压汞灯和白炽灯等。

d. 广场照明

城市广场是城市空间环境中最具公共性、最富艺术魅力，也最能反映现代城市文明的开放空间。现代城市的广场形式越来越多，其文化内涵越来越受到人们的关注与重视。按城市广场的性质和用途可分为：交通广场、纪念广场、市民广场和商业广场等。

e. 配景照明

配景照明是渲染夜间景物景色气氛的照明方式。配景照明主要包括树木和花卉等植物的照明、景观雕塑照明、水景照明以及一些临时性的营造景观照明等。

植物的照明方式要适应植物的姿态、叶色等，以重点突出植物的艺术形式美。

f. 建筑装饰照明

城市空间的标志性建筑或古建筑常常是城市夜景装饰照明的重点，这对树立城市夜间形象、宣传和提高城市知名度和美誉度等均有着十分显著的作用。

在规划设计建筑物的夜景照明时，要分析它的性质、特征和周围的环境状况。为了创造远近都满意的照明效果，可以用泛光灯、轮廓灯或内透光灯来表现整个建筑物的形态特征，配以特色灯光照明突出其特点。（图 8-52 ~ 图 8-56）

图 8-52

图 8-53

图 8-54

图 8-55

图 8-56

第 9 章

城市建筑室内环境设计

9.1 室内环境设计的概念

9.1.1 室内环境设计的定义

人都需要衣、食、住、行、用等方面的生活消费，只有满足各项最基本的生活需要，才可能去从事生产和其他社会活动。而"住"作为人的栖息环境，不仅使人们能防御风、雨、雷、电等侵害，而且时时影响人们的生活方式和生活秩序。众所周知，人一生百分之五十以上的时间是在室内度过的。人们每天吃饭睡眠、学习工作、休息娱乐等这些生活内容都是在室内完成的。因此人们设计创造的室内环境，必然会直接关系到室内生活、生产活动的质量，关系到人们的安全、健康、效率、舒适等。可以看出，室内环境对人的生存和活动方式产生的影响是无时不在的。

环境设计的专业内容是以建筑的内外空间来界定的，其中以室内、家具、陈设等要素进行的空间组合设计，称之为内部环境艺术设计，即室内设计。而以建筑、景观、绿化等要素进行的空间组合设计，称之为外部环境艺术设计，即景观设计。

室内环境设计是在建筑赋予的特定内部空间环境中，以充分满足人的生理需求和心理需求为目标，并在经济的作用下，通过材料和技术等物质手段来付诸实施的。创造一个能够符合人们生活的，具有一定便利性、舒适性和安全性，即满足功能需求，而且能带给人以愉悦的心理感受和满足精神需求的内部空间环境。

9.1.2 室内环境设计的发展

室内环境设计作为一门独立的专业，在世界范围内的真正确立是在20世纪60～70年代之后，现代主义建筑运动是室内设计专业诞生的直接动因。在这之前的室内设计概念，始终是以依附于建筑内界面的装饰来实现其自身的美学价值。自从人类开始营造建筑，室内装饰就伴随着建筑的发展而演化出众多风格各异的样式，因此在建筑内部进行装饰的概

念是根深蒂固而易于理解的。现代主义
建筑运动使室内从单纯的界面装饰走向
空间的设计。从而不但产生了一个全新
的室内设计专业，而且在设计的理念上
也发生了很大的变化。

　　我们按照人工环境与自然环境融合
的程度来区分建筑的内部空间——室内
的发展阶段。以界面装饰为空间形象特
征的第一阶段，开放的室内形态与自然

图 9-1

保持最大限度的交融，贯穿于过去的渔猎采集和农耕时期；以空间设计作为整体形象表现
的第二阶段，自我运行的人工环境系统造就了封闭的室内形态，体现于目前的工业化时期；
以科技为先导真正实现室内绿色设计的第三阶段，在满足人类物质与精神需求高度统一的
空间形态下，实现诗意栖居的再度开放，成为未来的发展方向。

　　无论是"室内设计"还是"室内装饰"都存在具体的设计问题。室内设计是包括空间
环境、室内装修、陈设装饰在内的建筑内部空间的综合设计系统，涵盖了功能与审美的全
部内容。而室内装饰则是以空间的视觉审美作为其设计的主旨。室内设计的概念代表了现
代世界的主流，而室内装饰的概念则具有强烈的传统意识。（图 9-1）

9.2　室内环境设计的内容特质

9.2.1　室内环境设计的内容

　　室内环境设计的内容包括以下四个方面：

　　空间环境设计，就是对建筑所提供的内部空间进行再处理，在建筑设计的基础上进一
步调整和完善空间及其实体的比例和尺度，利用建筑现有的结构并对其进行改造，以适应
新的功能，从而完善空间的组织和布局。（图 9-2）

　　室内装修设计，室内空间是由建筑的结构构件和围护构件等实体要素限定而成，这些限
定空间的实体要素统称界面。装修设计主要是依据空间组织的要求把空间围护体的几个界面，
即对墙面、地面和顶棚等进行设计处理，也包括对分割空间的实体进行设计处理。（图 9-3）

　　室内陈设设计，包含的内容很广，不仅包括室内家具、灯具、电器设备等，还包括布
艺织物、窗饰等软装和摆件、雕塑、挂画等艺术品，以及插花、植物绿化等。室内陈设对
烘托室内设计的气氛、品位、格调和意境等起到很大作用。（图 9-4）

　　室内物理环境设计，即对室内体感气候、采暖、通风和温湿调节等方面进行设计，对
室内声、光、热等物理环境也应高度关注和重视。（图 9-5）

图 9-2   图 9-3

图 9-4   图 9-5

9.2.2 室内环境设计的特质

好的室内设计能给一个空间带来一种新的维度。它既可以提高人们日常生活的效率，又能增添人们对于空间环境的洞察力和价值判断，还可以提高人们对艺术的鉴赏力和理解力。经过深思熟虑和精心制作的设计能让一个空间变得更易于沟通，而体验这样一个空间也能让精神得到升华。因此，室内设计不仅是关于审美的，也是关于实用与哲学的学科。

室内环境设计是通过创造室内空间环境为人服务，需要满足人们的生理、心理等要求，需要综合地处理人与环境、人与自然及人与人等诸多关系，综合解决使用功能、经济造价、视觉审美、环境氛围等多种要求。设计及实施的过程中还会涉及材料、技术、设备、智能、工艺、施工管理以及定额法规的协调等诸多问题。因此室内设计不同于艺术创作，艺术是以形式的创造为唯一目标，可以说是自由的；而室内设计并非是自由的，它受到来自以上诸多方面有形无形的制约。为此，现代室内设计的特质是一项综合性、交叉性较强的系统工程。

同时，现代室内设计高度重视科学性，从建筑和室内发展的历史来看，具有创新精神的新的风格的兴起，总是与社会生产力的发展相适应。社会发展和科学技术的进步，促使人们价值观和审美观的改变，室内设计必须充分重视并积极运用当代科学技术的成果，包括新型的材料、结构构成和施工工艺，以及创造良好声、光、热环境的设施设备。随着21世纪多媒体信息技术的迅猛发展，智能化建筑及内部空间设计必将成为未来社会的主流，以满足人们处于信息社会的高效、舒适、方便的环境中的最终需要。

9.3 室内环境设计的表现要素

现代主义室内设计从现代主义艺术和现代主义建筑中获取了丰富的灵感和形式语言，逐渐形成了自己特有的新的设计思想和表现要素。新的设计思想包括为大众设计的思想、形式与功能相结合的思想、与环境相融合的思想以及创新的思想。新的表现要素主要从空间概念、界面处理、光线引入、色彩运用、材料选择等几方面进行阐述。现代主义为室内设计带来了前所未有的设计理念和设计手法，奠定了现代主义室内设计作为主流的位置和地位。

9.3.1 空间与界面

现代建筑的空间概念是以笛卡尔三维直角坐标系为背景，从牛顿经典力学的物理空间概念中衍生出来的，它指的是经人建造的，从几何化的物理虚空分划出来的部分，传统建筑没有这样的空间概念，它的空间概念的本质是场所，海德格尔从地点与空间、人与空间的关系来论述的建筑空间的思想，在本质上与古希腊的空间概念更为接近，建筑的本质在于人的栖居，这种思想为我们提供了一条超越主体与客体、理性与非理性对立的形而上学传统的思路。

界面作为建筑及室内设计的专用名词特指围合空间的三个面：底面、垂直面、顶面，它作为空间的外在形式普遍存在于建筑中，并在概念上可以独立存在，但必须依赖于一定体积、强度和材质等物理指标才具有实体性质。建筑的本质是由界面围合的空间，空间因实体才具有使用价值。界面的本质是对空间环境意义的进一步传达，建筑通过实体界面将意义传递给人，使抽象的建筑概念才有被读识的可能。因此，对界面的认知是认识室内空间及其意义的开始和基础。

现代主义室内空间界面处理，不同于传统相对各自独立的界面处理，而是从整体空间图式化角度来认知，关注的是让人们感受到连续的、立体的空间体验。因而从三维成因上看，其形态造型会带来区域内图式界面的表现语言的丰富性。从四维空间上看，室内空间界定与形态的表现，还体现在时空关系的介入。人利用知觉的作用，在时间与速度的流动上，使界面界定会在不同的空间层面位置上和时间差别上带来不同的设计形式。这样，界面的组合与交接、面积与肌理、位置与材质、节奏与均衡、装饰与形式会给人以不仅仅是一个空间实体区域的效果，而且还会形成清晰的视觉秩序。（图9-6、图9-7）

图 9-6　　　　　　　　　　　　　　　　　　　图 9-7

界面常被视为传达建筑环境意义的有效方法，具有深化建筑意义的作用，它随建筑历史的变迁经历无数变革，产生过众多风格流派。当现代主义建筑产生后，界面作为形态的边界取代传统的表面装饰。

9.3.2　色彩与材料

室内是人们生活的主要空间场所，色彩是室内设计中不可缺少的因素，也是室内环境设计的灵魂。室内环境色彩对室内的空间感、舒适度、环境气氛、使用效率，以及对人的生理和心理均有很大的影响。现代主义室内空间界面关注色彩的处理。认知时空物象，一方面有形体，一方面还要有色彩。现代主义设计认为界面色彩与空间色调是统一的。界面色的形式只是室内整体环境中的色调的一部分。同时，色彩的运用还是增强表现情感与性格的重要元素，作为室内空间中地面、墙面、顶面、隔断、柱子、家具等，有时它只是为陪衬主体服务的，有时它又是空间中的视觉中心。色彩直接诉诸人的情感体验，它是一种情感语言，它所表达的是一种人类内在生命中某些极为复杂的感受。

现代室内设计充分认识到人眼对色彩的特殊敏感，在建筑及室内设计中色彩起到举足轻重的作用，成为建筑及室内设计过程中的重要表现工具。色彩不仅起着调节室内环境的作用，更重要的是起着调节人的精神的作用，它可以表现设计者的构思理念、建筑风格、空间气氛，还可以唤起人们的某些感受及联想，成为建筑表达和使用者回应建筑的手段和途径。

就室内空间而言，材料可以泛指构成建筑的所有物质实体。材料通常包括天然材料和经过加工处理的材料。无论哪种材料其表面都具备一定的质地、纹理与色彩，这些视觉特征及其表面的形态构成就是材质。它是室内空间界面的主要组成部分，对界面起着形态构成和性格表达的作用。建筑形象的塑造离不开造型、色彩以及材质等要素，而材质是建筑界面最基本的物质实体。就视觉感受而言，材质的质地和纹理反映了界面的细部特征，丰富了立面的层次和深度，使建筑富有艺术美感。

　　建筑是技术与艺术相结合的产物，而室内空间艺术的发挥，在很大程度上受到材料的制约。材料是室内设计的重要组成部分，也是体现室内空间效果的基本要素。在室内空间中，材料能够反映界面的形态，传递空间的感受。不同的材料以及不同的表达，可以使空间传达出不同的内涵。（图 9-8 ~ 图 9-11）

9.3.3　光与照明

　　建筑师在进行建筑空间设计时，往往以建筑实体物质为载体，借助各种手法来进行建筑空间的处理。无论是实体还是空间都时时刻刻离不开光线，光是建筑空间设计的不可缺少的要素之一。现代主义建筑充分认识到自然光线的引入对于空间设计有其独特的无可比拟的作用与效果，是特殊而有效的设计要素之一，掌握光的物理性能、艺术规律和光的表现力，运用光的抑扬、隐显、虚实、动静等手法，可以创造出完美的空间，营造空间性格和意境，进而为空间带来生命。

图 9-8

图 9-9

图 9-10   图 9-11

在现代室内设计中，会有各式各样的照明主题贯穿于其中，营造出各不相同的气氛和意境。照明不仅直接影响视觉的生理机能，还会影响到人的情绪，心理状态，甚至工作效率。照明可以说是一个富有趣味的设计元素，能加强空间的层次感，缔造出完美的空间意境。照明方式有一般照明和整体照明，以及局部照明和混合照明三种。按照明灯具的散光方式，照明灯分为以下四类：

直接照明：光线的全部或 90% 以上直接投射到被照物体上，如吊灯、吸顶灯以及射灯等，光线直接散落在指定的位置上，特点是亮度大，给人以明亮的感觉。照明特点是直接而简单。

间接照明：光线不会直射物体而是间接被投射物体上，照明特点是光量弱而柔和，无眩光和明显阴影，具有安详、平和的气氛。间接照明在气氛营造上则能发挥独特的功能性，营造出不同的意境。

半直接照明或半间接照明：光线的一部分直接投射到被照物体上，另一部分经反射后再投射到被照物体上。它的亮度适中，但比直接照明柔和。

漫射照明：利用半透明照明磨砂玻璃罩等照明材料，使光线不直接投射到被照物体上，而是形成多方向的漫射，其光线柔和，有很好的艺术效果。

常用照明的色光还有冷有暖，可以利用它来调节人们对室内光色的感觉。选择照度是照明设计的重要问题。在满足标准照度的条件下，为节约电力，应恰当地选用一般照明、局部照明和混合照明多种方式，当一种光源不能满足显色性要求时，可采用两种以上光源混合照明的方式，这样既提高了光效，又改善了显色性。（图 9-12、图 9-13）

图 9–12　　　　　　　　　　　　　　　　　　　　图 9–13

9.3.4　家具与陈设

　　家具与陈设是人们在室内空间生活中必不可少的实用性陈设品，与人们的生活非常密切，是室内环境有机整体的重要组成部分。家具是建筑空间和人之间的媒介，它通过形式和尺度在环境空间和人们之间成为一种过渡，满足人们活动中舒适和实用性的要求。首先，家具是空间实用性质的直接表达者，不同家具在室内空间中的布置与组合是室内空间性质的直接体现。具有明确空间的使用功能，识别空间的性质。能充分反映使用的目的、规格以及个性等，从而赋予空间一定的环境品格。其次，家具可以对室内空间进行有效的组织，好的家具配置可以充分地利用空间满足人的需要，利用家具的设计布置方法又可以限定划分和组织室内空间。再次，通过家具的形象来表达某种审美情趣、风格流派、思想理念和文化涵义，可以建立空间气氛，创造美感，营造意境，可以塑造室内环境使其具有浓厚的文化氛围。

　　室内陈设艺术近年来受到人们的广泛关注，它是一门崭新的艺术设计领域。室内陈设是室内环境中继家具之后的又一重要内容，陈设范围非常广泛，内容极其丰富，形式也多种多样，不仅包括室内家具、灯具、电器设备等，还包括布艺、织物、窗饰等软装和日用装饰品、工艺美术品、雕塑、字画、摄影等，以及插花、植物绿化等。室内陈设对烘托室内设计的气氛、品位、格调和意境等起到很大作用。在室内环境中，陈设品是表达精神功能的媒介，陈设品不仅会加强室内的空间效果，还能强化生活环境的性格和个性，表达设计的思想内涵和精神文化，对室内空间形象的塑造、气氛的表达和环境的渲染起到锦上添花、画龙点睛的作用。

　　当代的室内陈设艺术设计已渗透到室内设计的各个方面。室内陈设艺术设计是在室内设计的大体创意下，作进一步深入细致的具体设计完善。陈设艺术作为室内空间的一种艺术设计手段，它从色彩、质感、形式等专业角度去考虑，组织、柔化室内空间，是使一个空间具有人文色彩的整合工作，是对室内环境设计的延伸及补充。室内陈设艺术设计是从文化性、艺术性和个性方面着手，有效、便捷地改善空间室内环境的重要手段，它能够深刻地影响人们对室内环境的感受和认同。（图 9-14 ～图 9-17）

图 9-14   图 9-15

图 9-16

图 9-17

9.4　室内环境设计的原则

现代室内环境设计从 20 世纪经历现代主义设计运动后，逐渐形成理性的、有秩序的设计方式。现代主义室内环境设计主张抛开历史上任何风格与式样的束缚，按照时代的要求进行创新，为此借鉴了现代艺术的造型和材料技术美学，创造了新时代室内设计的新观念。

9.4.1　坚持理性功能主义

现代室内环境设计特别是现代主义建筑运动是基于新技术、新材料基础上的针对古典折中主义的一场革命，是适应材料和技术新形式的一种探索。20 世纪，理性主义渗入到各种各样的设计思潮中，每种设计思潮都标榜自己的理性基础。设计大师们更是满怀豪情地开始为世界设计秩序和规则。"理性"是指人们对某一事物的概念、判断、逻辑、推理等思维活动。纵观建筑及其环境设计发展史，已形成了一套较完善的设计理性美的创作原则。

现代室内环境设计同现代主义建筑发展的进程一样，有三种不同的追求理性的原则：功能原则、建筑技术和空间原型。以功能原则为依据的理性美将建筑的本质和真实完全寓于其使用功能的合理性之中，视建筑形式为使用功能的结果，建筑技术为使用功能的手段；以建筑技术为理性原则的理性美是基于建筑方法、手段和过程；以空间原型为理性原则的理性美主要基于建筑形式，其建筑形式内涵完整地体现在建筑的空间概念——即对空间原型的理性抽象，而不是在建筑的风格和装饰中。

图 9-18

现代主义设计形式流行之初，工程建设十分注重成本，期望成本的低廉和建筑本身利用率的最大化，也即用最小的成本获得最大的产出。以往古典主义崇尚的那种繁复风格有存在的客观原因，现代化社会的外部条件则完全不一样，人们不但对建筑及环境的功能有了新的要求，而且带来的审美心理也发生了很大的变化，人们更注重于实效，更注重生活节奏，更钟情于简洁带来的美感。简洁更加突出了人性化，使人们能够充分地认识自我、体现自我，这是对以往审美心理的一种对立化的展现，其意义不一定在于谁更符合美的尺度，重要的是反映了社会的前进。

在现代主义建筑的审美过程中遵循功能性准则，是时代对设计本身提出的要求及由建筑的本质特征所决定的。现代生活的飞速发展，建筑中新的功能内容的不断出现以及关于功能内涵的不断扩展，使得人们在审美活动过程中更加注意设计功能的因素，将环境设计中的审美价值与功能性很好地结合起来。（图 9-18）

9.4.2　注重空间与时空连续性

在建筑及室内设计领域，20 世纪最具革命性的变化是发现和形成了空间的概念。现代主义设计认为要把握现代建筑及环境设计的本质，关键在于理解现代建筑思想的空间概念。当前，室内空间概念还十分重视时空连续性，强调空间的序列。

现代主义设计具体在设计上重视空间的考虑，特别强调整体设计，反对在图版上、在预想图上做设计，而强调以模型为中心的空间设计规划。在对建筑的审美过程中，室内空间成了被考察的主要对象，即空间是建筑的核心。如果把建筑比喻成一件容器，那么容器的外壳就是建筑的实体要素（柱、梁、板等），容器内就是空间，容器有大小、形状等不同的外形特征，其内部容积（虚体空间）亦形式多样。空间是负的、退隐的，它是人们在已知的空间关系及结构关系的基础上，加之人们在空间中的感知过程推导出来的。

以往建筑室内空间环境中关注许多因素，诸如空间界面形象的比例、尺度、节奏、装饰以及材料、结构、功能、设备等，却忽略了对空间的关注。但在现代建筑产生以后，审美的重心转移到了对空间的重视。现代主义建筑最鲜明的表现力，就是从建筑内外界面上排除装饰，坚持室内空间是其唯一核心的内容。

　　现代主义室内空间概念还十分重视时空连续性，强调空间的序列。空间序列，可以简单地理解为按一定的次序排列。空间序列包涵两层意义，一是指人的形体运动按连续性、顺序性的秩序展开，具有依次递变、前后相随的时空运动特点；二是指人的心理，随物理时空的变化做出瞬时性和历时性的反应。现代主义室内序列空间的布局讲究空间顺序、流线及方向等诸因素，每个因素的组合都必须根据室内空间中实用功能和审美功能精心设计。对于室内空间组群的形成及其组织形式起主导作用的力量就是运用序列空间的方法，使一个复杂空间的集合体通过组织形成一个井然有序的、合乎逻辑的连续和谐的整体序列空间。（图 9-19、图 9-20）

图 9-19

图 9-20

9.4.3   追求个性与风格多样化

20 世纪末期，很多设计师和评论家针对现代主义、国际主义风格千篇一律、单调乏味的减少主义特点，几乎对现代主义运动丧失了信心。现代建筑运动中大量性建设的住宅和办公楼，内部空间更是单调、冷漠和刻板。在这种情况下很多设计师认为现代主义过于藐视人的需求，为此，建筑空间艺术必须向多元化方向发展，以突破现代主义的极端做法。

建筑及室内设计中的"主义"从来没有像 20 世纪这样繁多，除传统主义的复活外，有后现代主义、解构主义、未来主义、极简主义、超现实主义等。由此，室内设计界的争论日益激烈，各种理论令人眼花缭乱。而针对设计概念产生了来自哲学、政治、心理、科学、形式、功能、空间等诸多方面的解释，相应的设计内容更加丰富而广泛，模糊不解、主次难分。所有这些因素都影响着室内设计的发展走向。同时，室内设计领域涌现出令人眼花缭乱的室内设计所特有的风格与流派。尤其是进入 20 世纪 80 年代以来，随着室内设计与建筑设计的逐步分离，以及追求个性与特色的商业化要求，室内设计所特有的流派及手法已日趋丰富多彩，因而极大地拓展了室内空间环境的面貌。其中代表性的有如下流派：极简主义、新古典主义、新地方主义、超现实主义、白色派、光亮派。还一些诸如听觉空间派、东方情调派、文脉主义、超级平面美术派、绿色派等风格流派也都具有一定影响。当前，室内设计所特有的流派及手法已日趋丰富多彩，极大地拓展了室内空间环境的面貌。（图 9-21 ~ 图 9-23 ）

9.4.4   重视环境整体性与艺术化

建筑整体的协调与空间环境的组合，才能产生出总体的美感，同样，室内环境设计也需要强调室内环境的整体意识，也需要进行整体立意及总体构思。现代主义室内设计重视环境整体性与艺术化，认为建立在整体意识基础上的环境意识才是新时代的必然产物。

社会发展的目的是为了改善或优化人类自身生存环境。建筑室内环境包括室内空间环境、视觉环境、物理环境、心理环境等许多方面，各种室内环境最终通过室内空间给人以各种感受。因此，环境意识应当贯穿于设计的每一构成环节。现代主义设计认为人们存在于两种环境之中：一种是自然环境（更多地体现于室外），一种是人为环境（更多地体现于室内）。而室内环境人们接触最多、时间最长、影响最大，对于更好地满足人们生存与行为的要求来说，应当尽可能在人为环境中引入自然因素，而在自然环境中努力去体现人类智慧。室外环境室内化、室内环境室外化正基于此。室内外之间有许多前因后果、相互制约的因素存在。正如加拿大建筑师阿瑟里克森指出："环境意识就是一种现代意识"。环境整体意识薄弱，就容易就事论事。因而，以绝对"自我"为中心的创造意识将被讲究整体环境的新型意识所代替。

图 9-21　　　　　　　　　　　　　　　图 9-22

图 9-23

　　新现代主义风格是指现代主义自 20 世纪初诞生以来直至 20 世纪 70 年代以后的发展阶段。尽管在 20 世纪末以来，世界建筑及室内设计呈现一种多元化的局面，尤其是经过国际主义的垄断，后现代主义和解构主义的冲击，但现代主义仍坚持理性和功能化，相对于其他流派逐渐衰退之时成为 20 世纪末建筑及室内设计发展的主流，并逐步加以提炼完善形成了新现代主义。新现代主义继续发扬现代主义理性、功能的本质精神，但对其冷漠单调的形象进行不断的修正和改良，突破早期现代主义排斥装饰的极端做法，而走向一个肯定装饰的，多风格的、多元化的新阶段，同时随着科技的不断进步，在装饰语言上更关注新材料的特质表现和技术构造细节，而且在设计上更强调作品与人文环境与生态环境的关系。（图 9-24 ～图9-29）

　　总之，随着社会不断地发展和科学技术的进步，室内设计在肯定现代主义功能和技术结构体系的基础上，从不同的切入点去修正、完善和发展现代主义，使设计呈现出多元的形式和风格向前发展，而并非某一个单一的设计风格。正是由于新现代主义室内设计具备在社会发展阶段的合理性，室内环境设计的探索将会走上一个更高的发展层次。

图 9-24

图 9-25

图 9-26

图 9-27

图 9-28

图 9-29

第 10 章

城市环境设计
材料及应用

城市中环境设计不同于艺术创作,艺术是以形式的创造为唯一目标,因此是自由的;而环境设计是在自然或人工环境中赋予的特定空间中,以充分满足人的生理需求和心理需求为目标,通过材料和技术等物质手段来付诸实施的。可见,环境设计并非是自由的,它受到来自诸多方面有形无形的制约。设计的本质和规律告诉我们,设计不能依据主观意愿随意玩弄形式而抛开影响设计的客观性和物质性因素。空间形态并非绘画,它是需要借助于实实在在的材料来呈现的。因而材料是环境设计得以实施的物质基础和先决条件。

10.1 材料的地位与作用

(1)环境设计和建筑一样是物化的,并不是虚拟的设计方案,而是通过实实在在的材料构筑得以实施完成的。因此,设计材料是建筑及环境设计工程的物质基础,不管什么特点和风格的设计,也不论是简单还是复杂的设计,都是由各种材料经过设计和施工并最终构建而成。

(2)设计材料的发展赋予了建筑及环境以时代的特性和风格,西方古典建筑主要依赖石材、中国古代以木架构为代表、当代以钢筋混凝土和型钢为主体材料的建筑与环境设计,都呈现出鲜明的时代感。

(3)建筑设计理论不断进步和施工技术的变革不但受到材料发展的制约,同时也受到其发展的推动。薄壳结构、悬索结构、空间网架结构、节能型特色环保建筑的出现无疑都与新材料的产生密切相关。

(4)材料的正确、节能、合理的运用也会直接影响到建筑及环境工程的造价和投资。所以对设计材料特性的深入了解和认识,最大限度地发挥其效能,进而达到最大的经济效益,具有非常重要的意义。

10.2　材料的分类与性质

从广义上讲，环境设计所使用的建筑材料是对修建建筑物中所需要材料的统称，主要是建筑和环境工程中的使用材料。包括结构材料、围护材料、功能材料和装饰材料。

结构材料，主要指构成建筑物受力构件和结构所用的材料，如梁、板、柱、基础、框架等构件或结构所使用的材料。其主要技术性能要求是具有强度和耐久性，如混凝土、钢材、石材等。

围护材料，是用于建筑物围护结构的材料，如墙体、门窗、屋面等部位使用的材料，如砖、砌块、板材等。围护材料不仅要具有一定的强度和耐久性，而且更重要的是应具有良好的绝热性，符合节能要求。

功能材料，主要是指担负某些建筑功能的非承重用材料，如防水材料、绝热材料、吸声材料、密封材料等。

装饰材料，主要是指能提高建筑物使用功能和美观效果的材料，是在保护建筑物主体结构在各种环境因素下的稳定性和耐久性的材料。

但在设计使用过程中，许多材料很难界定是那种材料，有些材料既是建筑基体的组成部分，也是提高室内空间美学效果的材料，诸如石材、木材、金属等。

10.2.1　石材

石材是人类最早建造房屋的材料之一，是指能在建筑及环境设计上作为饰面材料的装饰石材，它包括天然石材和人造石材两大类。天然石材指天然大理石、天然花岗石和石灰石等，它是一种具有悠久使用历史的建筑材料，不仅具有较高的强度、刚度以及耐磨性、耐久性等优良性能，而且组织细密坚实，通过处理可以获得优良的装饰效果。人造石材是近年来发展起来的一种新型建筑装饰材料，包括人造大理石、人造花岗石、水磨石及其他人造石材。在产品性能、产品价格及装饰效果等方面，均具有很大的优越性，因此，成为一种具有良好发展前途的建筑装饰材料。

（1）天然大理石。天然大理石具有花纹品种繁多、石质细腻、抗压强度较高、吸水率低、耐久性好、耐磨、耐腐蚀及不变形等优点。但是天然大理石也存在一定的缺点：一是硬度较低，如果用大理石铺设地面，磨光面容易损坏；二是抗风化能力差。大理石主要用于加工成各种型材、板材，作为建筑物的墙面、室内地面、台、柱，及纪念性建筑物如碑、塔、雕像等的材料。

（2）天然花岗石。花岗石质地坚硬、耐酸碱、耐腐蚀、耐高温、耐光照、耐冻、耐摩擦、耐久性好。另外花岗石板材色彩丰富，花纹均匀细致，经磨光处理后光亮如镜，质感强，装饰效果好。花岗石是一种优良的建筑石材，在建筑环境中花岗岩从屋顶到地板都能使用，它常用于基础、桥墩、台阶、路面，也可用于砌筑房屋、围墙，城市人行道的路缘也大多使用。花岗石也被广泛采用作为建筑物外立面的装饰材料。

（3）人造石材。人造石材一般指人造大理石和人造花岗石，以人造大理石的应用较为广泛。由于天然石材的加工成本高，现代建筑装饰业常采用人造石材。它具有重量轻、强度高、装饰性强、耐腐蚀、耐污染、生产工艺简单以及施工方便等优点，因而得到了广泛应用。（图 10-1 ~ 图 10-9）

图 10-1

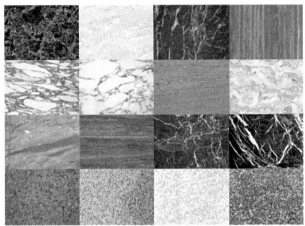
图 10-2

图 10-3

图 10-4

图 10-5

图 10-6

图 10-7　　　　　　　　　　　　　图 10-8

图 10-9

10.2.2　陶瓷面砖

陶瓷是一种重要的建筑及环境设计装饰材料，一般是由氧化物、非氧化物、金属元素与非金属元素等经烧制而成的化合物，具有较高的机械强度、硬度和化学稳定性，其色彩持久稳定，易于自洁和清洗。外墙面砖作为陶瓷面砖的一种，主要是以陶土为原料，经压制成型，而后经高温煅烧而成，外墙面砖的表面有上釉的和不上釉的，即表面有光泽的和无光泽的；有表面光平和表面粗糙的，即具有不同的质感；颜色则有红、褐、黄等。背面为了与基层墙面能很好粘结，常有一定的吸水率，并有凹凸沟槽。一般外墙面砖有很长的使用年限，在建筑饰面中得到广泛应用。

陶瓷面砖有如下特点：

装饰效果美观大方。外墙面砖作为传统的装饰材料，其装饰效果有层次感、色调柔和，装饰后的建筑物显得庄严、高雅、气派。

外形规则，井然有序。陶瓷面砖外形规则，尺寸均一，能形成井然有序、整齐划一的外观。面砖的使用可以混贴，可拼图拉线，可不同规格互用，能充分展现质感效果。

外墙面砖强度高、防潮、抗冻、不易污染，经久耐用，由于制作工序较为复杂，制造成本偏高，是一种较高档的饰面材料，用于装饰等级较高的工程。

外墙面砖自重很大，目前一般采用干挂，可以保证比较牢固地挂在外墙面上，但要求施工时必须严格执行施工规程，由专业队伍进行施工。如果施工不规范，面砖与墙面剥离脱落的可能性就会增大，加大了出现事故的可能性。

陶瓷面砖一般有釉面砖、陶瓷锦砖和文化石三种。

（1）釉面砖。釉面砖指表面烧有釉层的砖，这种砖分为两类：一是用陶土烧制的，因吸水率较高而必须烧釉，这种砖的强度较低；另一种是用瓷土烧制的，为了追求装饰效果也烧了釉，这种砖结构致密、强度很高、吸水率较低、抗污性强，价格比陶土制的釉面砖稍高。

（2）陶瓷锦砖。陶瓷锦砖又名马赛克，规格多，薄而小，质地坚硬，耐酸、耐碱、耐磨、不渗水，抗压力强，不易破碎，彩色多样，用途广泛。

（3）文化石。在一些崇尚个性和自然风格的环境设计中往往采用它来装饰墙面或地面，它属于特殊加工的瓷砖，表面模仿天然岩石的凹凸不平和点点晶体反光，有一种返璞归真的真实感，由于工艺特殊，其造价较高，常见的有蘑菇石、板岩石、鹅卵石等。（图10-10～图10-14）

10.2.3　玻璃

玻璃是一种既古老又现代的材料，长期以来，玻璃所特有的透光性深受设计师的青睐。近年来随着玻璃制造工艺的不断改进，使得玻璃这一建筑材料的力学特性（强度）和物理

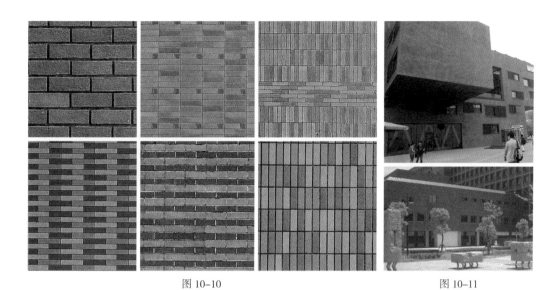

图 10-10   图 10-11

图 10-12

图 10-13   图 10-14

特性（保温、隔声等）得到改善。目前，玻璃作为主承载结构的玻璃梁、柱、板，常用于建筑物的幕墙、顶棚、雨篷、走廊、门厅、地板、楼梯，这一切都使玻璃结构作为一种独立的结构形式日益引起人们的关注。实践中，玻璃结构常和钢结构结合起来运用，使建筑外立面摆脱了千百年来使用的笨重的砖石、混凝土的束缚，而呈现出晶莹剔透、变化多端、极具现代气息的崭新面貌。

随着科技的长足发展，玻璃的种类繁多，适用面非常广泛，供设计师进行充分的选择。

（1）平板玻璃。平板玻璃是指未经其他加工的平板状玻璃制品，也称白片玻璃或净片玻璃。按生产方法不同，可分为普通平板玻璃和浮法玻璃。平板玻璃是建筑玻璃中生产量最大、使用最多的一种，主要用于门窗，起采光、围护、保温、隔声等作用，也是进一步加工成其他技术玻璃的原片。

（2）超白玻璃。超白玻璃是一种低铁含量、高透光率的浮法玻璃，也称为低铁玻璃。与普通的浮法玻璃不同，其断面不会呈现绿色，具有极佳的透光性能，外观有着与无色水晶相似的视觉效果。超白玻璃可以被切割、钻孔、磨边，也可以进行钢化、热弯等处理，还可以在表面镀膜、印刷、涂饰等。

（3）钢化玻璃。钢化玻璃又称强化玻璃。它是用物理的或化学的方法，在玻璃表面上形成一个压应力层，玻璃本身具有较高的抗压强度、较高的抗弯强度、抗机械冲击和抗热震性能，破碎后碎片不带尖锐棱角，但不能对其进行机械切割或钻孔等再加工。主要用于建筑物的门窗、隔墙与幕墙等。

（4）夹丝玻璃。夹丝玻璃也称防碎玻璃或钢丝玻璃。它是由压延法生产的，即在玻璃熔融状态下将经预热处理的钢丝或钢丝网压入玻璃中间，经退火、切割而成。夹丝玻璃表面可以是压花的或磨光的，颜色可以制成无色透明或彩色的。夹丝玻璃具有均匀的内应力和一定的抗冲击强度及耐火性能，在破裂时碎片仍连在一起，不致伤人，具有一定的安全作用。

（5）夹层玻璃。夹层玻璃是在两片或多片玻璃原片之间，用PVB（聚乙烯醇丁醛）树脂胶片，经过加热、加压粘合而成的平面或曲面的复合玻璃制品。夹层玻璃透明性好，具有耐热、耐光、耐寒、耐湿的特点，抗冲击机械强度高，玻璃被击碎后仅产生辐射状裂纹，且不落碎片。一般在建筑上用于高层建筑门窗、天窗和商店、银行等。

（6）玻璃砖。玻璃砖有空心和实心两类，它们均具有透光而不透视的特点。空心玻璃砖又有单腔和双腔两种。空心玻璃砖具有较好的绝热、隔声效果，双腔玻璃砖的绝热性能更佳，它在建筑上的应用更广泛。玻璃砖的形状和尺寸有多种，包括正方形、矩形以及各种异型砖。砖的内外表面可制成光面或凹凸花纹面，有无色透明或彩色多种。玻璃砖主要用于建筑物的透光墙体和需要控制眩光、阳光直射的空间。

（7）彩色平板玻璃。彩色平板玻璃有透明和不透明两种。透明的彩色玻璃是在玻璃原料中加入一定量的金属氧化物而制成。不透明彩色玻璃是经过退火处理的一种饰面玻璃，可以切割，但经过钢化处理的不能再进行切割加工。彩色平板玻璃的颜色有茶色、海洋蓝色、宝石蓝色、翡翠绿色等。彩色玻璃可以拼成各种图案，并有耐腐蚀、抗冲刷、易清洗特点，主要用于建筑物的内外墙、门窗装饰及对光线有特殊要求的部位。

（8）釉面玻璃。釉面玻璃是指在按一定尺寸切裁好的玻璃表面上涂敷一层彩色易熔的釉料，经过烧结、退火或钢化等处理，使釉层与玻璃牢固结合，制成具有美丽色彩或图案的玻璃。它一般以平板玻璃为基材。特点是图案精美，不褪色，不掉色，易于清洗，可按用户的要求或设计图案制作。釉面玻璃具有良好的化学稳定性和装饰性，广泛用于室内饰面层，一般为建筑物门厅和楼梯间的饰面层，及建筑物外饰面层。

（9）花纹玻璃。花纹玻璃据其加工方法的不同可分为压花玻璃和刻花玻璃。花纹凸凹不平产生光线漫反射使玻璃失去透视性，降低了透光度，在装饰效果上增强朦胧美的同时，还可以起到遮挡视线的作用。

（10）玻璃锦砖。玻璃锦砖又称玻璃马赛克，它是含有未熔融的微小晶体（主要是石英）的乳浊状半透明玻璃质材料，是一种小规格的装饰玻璃制品。其背面有槽纹，有利于与基面粘结。玻璃锦砖颜色绚丽，色泽众多，且有透明、半透明和不透明三种。它的化学成分稳定，热稳定性好，是一种良好的外墙装饰材料。

（11）喷花玻璃。喷花玻璃又称胶花玻璃，是在平板玻璃表面贴以图案，抹以保护层，经喷砂处理形成透明与不透明相间的图案。喷花玻璃花纹清新，给人以高雅、美观的感觉，适用于室内门窗、隔断和采光。

（12）磨砂玻璃。磨砂玻璃又称毛玻璃，其颜色为乳白色。磨砂玻璃表面粗糙，使光线产生漫射，只能透光而不能透视，并能使光线缓和而不刺目，故磨砂玻璃多用于门窗、分隔及较私密的空间等，安装时将毛面朝室内一侧。

（13）镜面玻璃。镜面玻璃又称白片玻璃，是用平板玻璃经磨光表面抛光处理后的玻璃。分为单面磨光和双面磨光。特点是表面较为平滑且有光泽，物象透过玻璃不变形，透光性能好。磨光玻璃常用于高档公共建筑的门窗、橱窗或作为制镜子的原片，规格厚度等可按要求制作。（图 10-15 ~ 图 10-19）

图 10-15

图 10-16

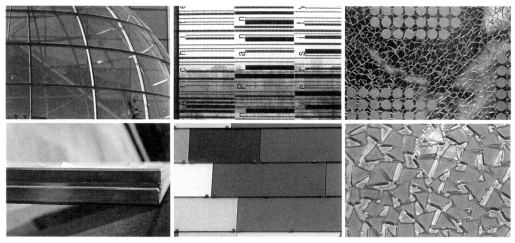

图 10-17

图 10-18　　　　　　　　　　　　　　　　图 10-19

10.2.4　金属材料

金属材料在现代建筑环境设计中应用越发广泛。金属材料易于加工维护，表面精致，使用寿命长。这些优点使金属材料越来越多地被用在建筑环境外立面。金属材料从点缀并延伸到赋予建筑奇特的效果，它的轻盈、精致、细腻表达了新时代的美学观点。

作为化学元素，金属是地球的基本物质，不同种类的金属结合成为合金。合金有着与所构成元素完全不同的性质。事实上，在建筑环境中运用最多的金属便是合金。

常见的金属材料有不锈钢，是用钢和其他金属如铬或锰来制造的。增加其他金属的含量可改变材料的特性，例如，铬、镍、钼、锰或铜可以增强抗蚀力。铝这种软质的、轻质的金属，可以采用纯铝或合金的形式。铝的天然、再生的氧化表面使它能抗御环境侵蚀。锌则通常用低合金的形式。由于锌表面不需进一步处理就能抵制侵蚀，是最经济的金属保护层之一。钛是一种银白色、特别柔软的金属。它有两种基本形式，纯钛和钛合金。铜有较好的延展性。铜暴露在空气中时，在它表面形成天然氧化保护膜。随着时间的推移，铜的表面会产生一种绿色的铜锈。

在建筑外立面中，最常用的金属板材有金属板、穿孔金属板、金属网、金属格栅、复合金属薄板、金属夹芯板、金属编织物等种类。板材是工业时代替代传统墙体出现的一种预制的围护体。当代设计师以金属板材为手段创造出了大量的优秀作品。金属表面为外立面提供了多种可能性。在市场上，作为外围护的金属幕墙常用的复合板材主要有：铝塑复合板材、不锈钢板材、镁铝曲面板材等。

（1）铝材。纯铝为银白色金属，具有良好的延展性、导热性、导电性、耐腐蚀性、反射性，但强度相对较低，在加入锰、镁等合金元素后其机械强度和硬度可得到明显提高，铝合金作为重要的结构和装饰材料，是建筑装饰领域广泛应用的金属材料之一。

（2）钢材。普通钢板在自然环境中容易被锈蚀，一般不能直接用于建筑室外。为了提高钢板的耐腐蚀能力，可以在钢板表面镀锌、铝、铅等金属，称之为镀层钢板；表面涂覆有机涂料的钢板称之为涂层钢板；表面涂覆瓷釉的钢板称之为搪瓷钢板。除此之外还包括高强度耐候氧化钢板等。

（3）不锈钢板。不锈钢具有优异的耐久性和良好的自清洁性，便于清洗，不易滋生细菌；硬度高，耐磨性好，适合于人流量大，易污染、摩擦、碰撞的场所。在建筑中不锈钢常作为钢构件、室内装饰、室外墙板、屋顶材料等使用。根据不同的饰面处理，不锈钢饰面板可制成光面不锈钢板、拉丝、网纹、蚀刻、电解或涂层着色等；也可轧制、冲孔成各种凹凸花纹、穿孔板，加工成各种波形断面板，建筑中应用比例最大的是表面拉丝处理，其光线反射柔和。（图 10-20 ～图 10-28）

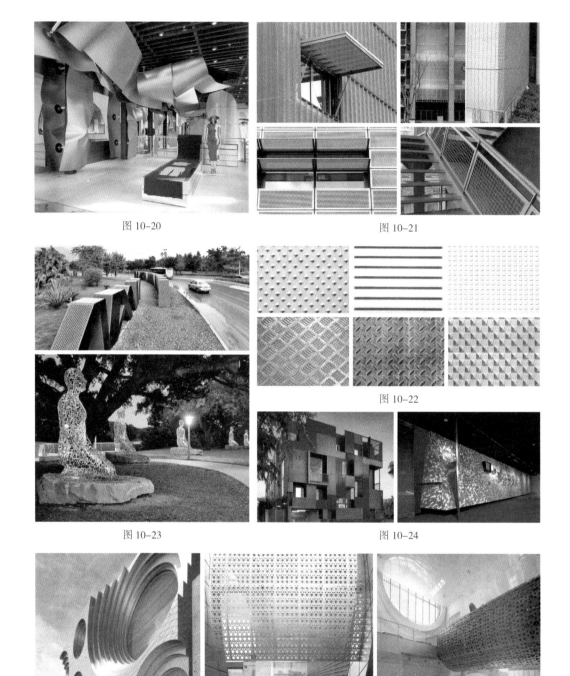

图 10-20

图 10-21

图 10-22

图 10-23

图 10-24

图 10-25

图 10-26

图 10-27

图 10-28

10.2.5　内外墙涂料

　　内外墙涂料主要功能是装饰和保护建筑物的内外墙面，使建筑物外貌界面整洁美观，从而达到美化环境的目的。同时能够起到保护建筑物内外墙的作用，延长其使用时间。内外墙涂料般具有以下特点：

　　（1）装饰性好。内外墙涂料色彩丰富多样，保色性好，能较长时间保持良好的装饰性。

　　（2）耐水性好。特别是外墙面暴露在大气中，经常受到雨水的冲刷，外墙涂料应具有很好的耐水性能。某些防水型外墙涂料其抗水性能更佳，当基层墙而发生小裂缝时，涂层仍有防水的功能。

　　（3）耐玷污性好。大气中的灰尘及其他物质玷污涂层后，涂层会失去装饰效能，因而要求外墙装饰层不易被这些物质玷污或玷污后容易清除。外墙涂料注重防护和耐久。

　　（4）耐候性好。暴露在室外空气中的涂层，要经受日光、雨水、风沙、冷热变化等作用。在这类因素反复作用下，良好的外墙涂料的涂层在规定的年限内不会发生开裂、剥落、脱粉、变色等现象。此外，外墙涂料还具有施工及维修方便、价格合理等特点。

　　（5）品种丰富。当前涂料品种极为丰富，特别是内墙涂料，其注重装饰和环保。内墙涂料主要的功能是装饰和保护室内墙面（包括顶棚），使其美观整洁，让人们处于愉悦的居住环境中。常用的内墙乳胶漆，由合成树脂乳液加颜料、填料、助剂和水制成。其主要特点是以水为分散介质，因而安全无毒，不污染环境，属环境友好型涂料。（图 10-29 ~图 10-31）

图 10-29   图 10-30

图 10-31

10.2.6　木材

　　木材是人类最早使用的天然材料之一，质轻强度高，有较好的弹性和韧性。木材具有天然生长的纹理色泽，这也正是木材美妙的艺术特质。为此，建筑环境外界面设计中运用木材就应注重去表现这种天然质感。木材的这种艺术特质与油漆艺术相结合，使得色泽更为绚丽而增加其表现力。

　　（1）天然木材，天然木材可分为针叶树材和阔叶树材两大类。杉木及各种松木、云杉和冷杉等是针叶树材；柞木、水曲柳、香樟及各种桦木、楠木和杨木等是阔叶树材。

　　（2）人造板材，就是利用木材在加工过程中产生的边角废料，添加化工胶粘剂制作成的板材。人造板材种类很多，常用的有刨花板、中密度板、细木工板（大芯板）、胶合板以及防火板等装饰型人造板。因为它们有各自不同的特点，被应用于不同的家具制造领域。胶合板（夹板）常用于制作需要弯曲变形的家具；细木工板性能有时会受板芯材质影响；

刨花板又叫微粒板，优质刨花板已广泛用于家具生产制造。中纤板质地细腻，可塑性较强，可用于雕刻。

　　木材是传统的建筑材料，在古建筑和现代建筑中都得到了广泛应用。在结构上，木材主要用于构架和屋顶，如梁、柱、椽、望板、斗栱等。在国内外，木材历来被广泛用于建筑室内装修与装饰，它给人以自然美的享受，还能使室内空间产生温暖与亲切感。在古建筑中，木材更是用作细木装修的重要材料，这是一种工艺要求极高的艺术装饰。

　　木材具有最佳质强比。木材是金属、混凝土等建材中质强比最佳的材料。其抗压强度质强比、抗弯强度质强比分别是水泥和硬聚氯乙烯的数倍。木材是可再生和可循环利用的节能型材料。树木借助于自然界的土地、水分、阳光而生长成材，是可再生材料，这对于保护环境和节约能源是非常重要的。木材还是热的不良导体，因而木材和木制品作为墙体材料将大幅度降低建筑的冬季取暖和夏季空调耗能。木材是绿色无公害材料。木材的加工过程只是改变形状的冷加工物理过程，不会排放大量有害气体和粉尘。木材可以多次循环利用，不会产生剩余物，造成环境污染。（图 10-32 ~ 图 10-37）

图 10-32　　　　　　　　　　　　　　　　　图 10-33

图 10-34

图 10-35（左）
图 10-36（右）

图 10-37

10.2.7 混凝土

混凝土最初是以一种结构材料的形式出现的，它是现代建筑中运用最为广泛的材料之一。混凝土抗压性能好，可塑性强，较为适合大规模的工业化预制生产。

混凝土一般由水泥、砂子、石子等骨料和水构成，经过浇筑、养护、固化后形成坚硬的固体。构成混凝土的原料成分、合成比例的差别会形成不同性质及感官效果的混凝土。清水混凝土是未作掩饰其自身特点的抹灰、涂饰等外装饰的混凝土。清水混凝土易形成真实、自然、质朴无华的视觉印象。

对于混凝土来说，构成混凝土的水泥、砂子及石子的类型、配合比等无疑会对混凝土的色彩及质感产生较大的影响，如果混凝土中如果再添加一些金属屑、火山灰、玻璃渣、金属片、色料等其他成分，混凝土的外观效果还会发生变化。

浇筑模板同样会对混凝土外表的形式产生巨大的影响。不同表面、质感、吸水率的木模板、竹模板、钢模板以及不同的模板比例、拼接组合、接缝方式、固定方式等所浇筑出的混凝土外表差异是很大的。（图 10-38 ~ 图 10-41）

图 10-38

图 10-39

图 10-40　　　　　　　　　　　　　　　　　图 10-41

10.2.8　清水砖

　　砖最早应是作为结构材料出现的。目前用于建筑物墙体砌筑与饰面的砖块，我国通常称为清水砖，它包括长方体的标准砖块和配套的异型砖，有多种饰面效果。清水砖具有良好的保温、隔热、隔声、防水、抗冻、不变色、耐久、环保无放射性等优良品质，产品一

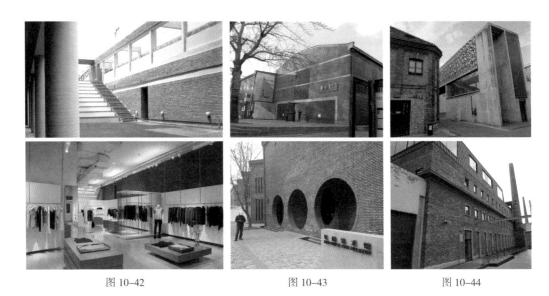

图 10-42　　　　　　　　　　　　　图 10-43　　　　　　　　　　　　　图 10-44

图 10-45

般设计成多孔的结构形式。具有保温、装饰、承重一体化的大型装饰保温砌块，用于建筑围护墙体的砌筑。这类产品的特点是外形规矩、保温效果好、可以做承重墙体，施工速度快。由于建筑的结构形式突破了砖墙体承重的模式，砖也就被解放出来，现在砖在建筑环境中更多的是作为围护材料及装饰材料。清水砖常用于景观环境设计的景观砖，有地面砖、园林小品砖等系列产品。（图 10-42 ~ 图 10-45）

10.2.9　其他材料

除了砖石、玻璃、金属、木材、混凝土这几种基本材料之外，随着技术的进步，建筑材料的品种繁多。特别是研发的一些人工合成材料更是拓展了传统材料的边界。

（1）聚碳酸酯板（PC）

各种类型的聚碳酸酯板，以前存在的易于褪色以及透明度逐渐降低等技术问题，已基本解决，现在它们性能非常稳定、价格低廉。此外，它们还能像玻璃一样进行图案的丝网印刷。

（2）亚克力（PMMA）

亚克力就是 PMMA，化学名称为聚甲基丙烯酸甲酯，是一种开发较早的重要热塑性塑料，具有较好的透明性、化学稳定性和耐候性，易染色，易加工，外观优美，在建筑业中有着广泛的应用，如建筑采光构件、透明屋顶、维护墙板等，室内往往制作各种构件或艺术品。

（3）聚酯纤维（PES）

聚酯纤维（Polyester Fibre）是由有机二元酸和二元醇缩聚而成的聚酯经纺丝所得的合成纤维。工业化大量生产的聚酯纤维是用聚对苯二甲酸乙二醇酯制成的，中国的商品名为涤纶。

（4）聚四氟乙烯板（ETFE）

在新生的透明材料中，最有魅力的也许就是聚四氟乙烯板了，这是一种可再生的轻质箔片，可允许光谱中很宽范围的光线透过，虽然在某些条件下，ETFE 呈现出乳白色，但事实上，它可以比玻璃透过更多有益于植物生长的光线。（图 10-46 ~ 图 10-49）

图 10-46（左）
图 10-47（右）

图 10-48

图 10-49

　　此外，室内环境设计还大量使用丰富的建筑装饰材料，即建筑饰面材料。它主要是用在建筑室内空间的内界面。建筑装饰材料将材料、工艺和美学设计都集中在了一起。建筑装饰材料的色泽、质地、图案等各方面都会影响到建筑装饰的效果和功能。因此，建筑装饰材料的合理选择以及建筑装饰材料本身的特点功能十分重要。建筑装饰材料有如下功能：装饰功能，建筑装饰材料的质感、线条、质地等可以增强人的视觉感受，舒缓人的身心，影响着人们的心情；保护功能，建筑装饰材料除了一定的装饰功能之外，还能对建筑界面进行一定的保护，使建筑空间更加耐用；改善室内环境，不同的建筑装饰材料会有不同的功能，有些建筑材料的确是能改善室内环境的。例如，地板、地毯等可以起到一定的保温及隔热、隔声的作用。

　　总之，材料是环境设计重要的表现因素，不同的材料会赋予空间不同的内在特质和表面观感。选用恰当的材料是达到环境设计预想效果关键的一步。不同的材料可以让环境外表传达出不同的感受。运用材料时，对材料性能的熟悉把握可以创造非凡的设计效果。

10.3　材料的选择与应用

　　环境设计材料是设计工程的重要物质基础，集材料、工艺和美学于一身，包括建筑景观材料和建筑装饰材料，种类繁多。工程设计的整体视觉效果的实现，在很大程度上受到材料的制约，尤其受到材料的质地、纹理、光泽、质感、图案等特性的影响。因此，只有熟悉各种材料的性能、特点，按照设计及使用条件，合理选用装饰材料，才能材尽其能、物尽其用，更好地表达设计意图，并与其他配套产品一起来体现设计的整体性。现代设计要求环境设计要遵循美学原则，创造出具有提高生命意义的优质空间环境，使人的身心得到愉悦和平衡，情绪得到梳理和调节，智慧得到更好的发挥。为此，材料的选择与应用应坚持以下设计需求原则。

10.3.1　心理性需求

考虑材料对设计效果的影响。材料的质感、尺度、纹理、色彩等，对视觉效果都将产生一定影响。材料的质感，能在人的心理上产生反应，引起联想。例如，金属能使人产生坚硬、沉重、寒冷的感觉，而皮革、丝织品会使人想到柔软、轻盈和温暖；石材可使人感到稳重、坚实和牢固，而未加装饰的混凝土则容易使人产生浑厚、粗犷、质朴的印象。材料的尺度、纹理，对设计效果也产生重要影响。就尺度而言，材料的尺寸应当适中，必须符合一定比例，才能达到自然、协调。就纹理而言，要充分利用材料本身固有的天然纹样、图案及底色等的视觉效果，或利用人工仿制天然材料的各种纹路与图样，以求在设计中获得或朴素，或真实，或淡雅，或高贵，或凝重的各种装饰气氛。材料的色彩，应根据建筑物的规模、功能及其所处环境进行综合考虑。建筑内部的色彩，应力求合理、适宜，使人在生理和心理上都能产生良好的感受。

10.3.2　耐久性需求

考虑到材料对建筑及环境主体具有保护作用，其耐久性与建筑物的耐久性密切相关。通常建筑物外部装饰材料要经受日晒、雨淋、冰冻、霜雪、风化、介质等的侵蚀，而内部装饰材料要经受摩擦、潮湿、洗刷、介质等的作用。所以材料的耐久性既是功能需要也是视觉美感需求。

10.3.3　经济性需求

考虑建筑装饰材料的工程造价。当前，一些大中型建筑或环境设计项目，造价已占总工程造价的 40% ~ 60%。从经济角度考虑材料的选择，应有一个总体的观念，有时在关键性的问题上，适当增大一些投资，减少使用中的维修费用，不使装饰材料在短期内落后，这是保证总体上经济性的重要措施。

10.3.4　环保性需求

材料的环保性是材料设计中必须首先考虑的。大量研究表明，造成室内环境污染的主要就是装饰材料。由于越来越多的家庭与办公场所使用空调设备，导致室内外空气流通量大幅度减少，从而使材料释放的有害气体被大量浓缩，对人体健康产生更大的威胁。有害物质包括甲醛、苯、甲苯、二甲苯和芳烃类化合物，总挥发性有机化合物等，普遍存在于室内装饰材料中。医学研究表明，长期生活、工作在含有害气体的环境中，在感官、感情、认知功能等诸多方面都有不同程度的损害，比如头昏，恶心，皮肤过敏，视力、听觉下降，神经质，压抑症，记忆混淆，运动不协调等。室内装饰常用的胶合板、地板、细木工板、有机涂料、建筑塑料等建筑装饰材料，大多数含有危害性物质。另外，一些石材却有长期的放射作用，应当在室内环境设计选择材料中高度重视。（图 10-50 ~ 图 10-59）

　　综上，材料是环境设计建设建造的物质基础，也是塑造环境风格、表达设计理念的最主要载体。材料的选取是环境设计过程中非常重要的一个环节，设计师需要诉诸各种各样的材料来实现自己的设计理想。同时，不同的材料可以激发设计师的奇思妙想，很多优秀的设计作品某种程度上是材料选择的成功，建筑、环境乃至城市的功能和美感最终是靠材料和技术来表现的。当前很多新型的材料已经广泛应用到建筑与环境设计中，这些新材料与传统工艺有效结合，可以发挥出更好的环境效果。

图 10-50

图 10-51

图 10-52

图 10-53

图 10-54

图 10-55

图 10-56　　　　　　　　　　　　　　　图 10-57

图 10-58　　　　　　　　　　　　　　图 10-59

第 11 章

城市环境公共艺术创作

11.1 公共艺术的概念

公共领域是近年来英语国家学术界常用的概念之一。这种具有开放、公开特质的、由公众参与和认同的公共性空间为公共空间，而公共艺术所指的正是这种公共开放空间的艺术创作与相应的环境设计。

现代公共艺术是以兼容性为基本特质，在现代人文精神支持下的表现形式。公共艺术概念包含两个范畴。一方面是社会层面，公共艺术所在的社会背景受到来自于历史、文化、政治、经济等诸多要素的影响，社会的背景特征影响着公共艺术概念的形成。随着社会的发展，其概念包含了来自不同地域和历史时期的政治、宗教、社会、审美、艺术、环境生态多方面的内容。另一方面，从具体的实体形态的角度来看，公共艺术涵盖了一切置于开放性环境中的带有公共性的、以社会主体为服务对象的艺术形式与艺术活动，传统认知的壁画、雕塑、建筑、工艺品、城市景观、建筑装饰以及开放性的艺术活动、装置艺术、影像艺术，乃至影视媒体制作，都从属于公共艺术的具体表现形态。

实际上，公共艺术可以被视为是一个社会化的概念，它主要是指自20世纪50年代以来出现的一系列艺术社会化现象。公共艺术的"公共"特质，是相对传统艺术的文化观点而言的。20世纪是现代政治体制建立、发展的阶段，公共艺术在思维方式、美学标准和游戏规则等方面都与以往艺术的功能和审美意义有明显的不同。不过二者之间的关系并非不同艺术流派存在的那种明确的批判关系，而是由不同的文化观点共同作用的结果，其中既包括某些文化遗产的继承，又包括对精英艺术形成的一些美学标准的批判和背离。

城市是人们的栖居场所，是一个大的公共环境，"公共艺术"将"公共""大众"与"艺术"结合成特殊的环境，就是为了给人们创造艺术化的生存环境。也就是说，公共艺术将为城市的文化发展带来新的视野。

公共艺术是城市文化建设的重要组成部分，是城市文化最直观、最鲜明的载体，它可以连接城市的历史与未来，增加城市的记忆，讲述城市的故事，满足城市人群的行为需要，创造新的城市文化，展示城市的表情和魅力。

图 11-1

图 11-3　　　　　　图 11-2　　　　　　图 11-5

图 11-4

　　城市公共艺术建设的最终目的是为了满足城市人群的行为需求和心理需求，给人们心中留下一个城市文化的意象。依靠公共艺术可以使城市成为更加多元、立体、个性化和艺术化的综合构成体。（图 11-1 ~ 图 11-5）

11.2　公共艺术的内容与特征

11.2.1　公共艺术的内容

　　公共艺术较大规模的实施及其基本概念的形成，来自于 20 世纪 60 年代初期的美国。就"公共艺术"的字面显示的意义来看，所包含的内容是，它们绝不只局限于户外的城市雕塑，其艺术的载体可以包括开放性的、可供公众以不同方式感知或参与其间的壁画、雕

图 11-6

图 11-7

塑、装置、水体、建筑构筑物体、城市公共设施、建筑体表的装饰及标识物、灯饰、路径、园艺和地景艺术等以不同媒材构成的艺术形式；同时，也包括由社会大众兴办和参与的公开的表演艺术（如戏剧、音乐、歌舞、民间集会及节庆日期间各类公开的表演艺术）和其他公开的艺术性活动。客观上，这些艺术方式和艺术活动也已在长期大量的公共文化实践中被社会公众所接纳和延续。

城市空间作为人们生活其中的栖息地，已成为人类精神的外化和物化。它是城市文明和文化的载体。公共艺术就是用一种宏观的艺术观念探讨城市空间与人类生活的互动关系。或者说，公共艺术是城市空间和人类生活的具有开放性和创造活力的媒介。它利用这种互动关系营造空间的文化属性，从而赋予大众不同的空间感受和多元的艺术体验。

公共艺术作为城市文化的载体，可以结合城市设计框架导入城市整体形象的创造；可以用扩大的艺术手段结合环境景观和人居环境创造宜居空间，并在传承文化中与其保持一种开放的对话状态；可以结合城市家具打造富有个性的城市功能设施；还可以是动态、开放与互动的展演；可以是留存于历史的文化事件；又可以通过网络互动艺术或游戏娱乐方式进入大众视野。

总之，公共艺术是人们对空间环境的定位、对空间的认同；公共艺术是人们对空间的审美需求；公共艺术可以表达人的精神诉求；公共艺术是一种有效的社会文化形态；公共艺术是城市文化的意象；公共艺术更是对社会面临的问题以艺术的方式去揭示、质疑与颠覆，并在这种批判的过程中完成一种新的建构。（图 11-6 ～图 11-8）

11.2.2　公共艺术的特征

（1）观念性与开放性

公共艺术是一种思想观念的体现，它追求社会的意义，它希望在社会公众的参与中进入他们的生活、影响他们对某个问题的看法。公共艺术的观念性表现在，它不是形式主义的艺术，它也不再是简单地将个人化的造型自我表达，也不止是从视觉意义上创造出一个能与公共环境相协调的艺术品。另外，公共艺术的观念性还表现为艺术的风格、手法、技巧、材料、工艺等。

公共空间的最大特征是开放性，即公共空间艺术活动场所的开放性以及由此产生的对场所公众的开放性。它对处于此空间当中的所有观众都具有开放性，公众可以与之交流，提出意见和建议。公共艺术是一种特殊的社会审美对象，它的标准必须处于被解读与修正当中。

（2）参与性与互动性

公共艺术最大的特征是它的公众参与性。由于公共艺术的开放的特点，公众可以充分参与其中，公众参与的方式是多种多样的，不仅表现为公众对于作品结果的参与，而且公众可以参与一些作品创作的过程，共同推动和完成作品的创作。

正是由于公共艺术的开放的公众参与性，公共艺术的结果是开放的。它的检验方式是在公众与作品互动中完成的，公众艺术不同于一般的物质产品，在进入消费以前就可以评定出相应的水平，公共艺术成功与否的结论是向公众开放的，只有在互动中，在与观众的接触中，作品的意义和对作品的评价才能最后完成，社会公众才是作品成功与否的最后的评判者。

（3）过程性和发生性

公共艺术常常是一种过程的艺术，它是艺术家与公众互动过程的产物，它注重的是作品的过程而不一定是它的结果。公共艺术也可能是一个社会的活动，是一个有时间过程的社会事件，它在这个过程中会不断呈现出新的意义。

图 11-8

公共艺术也强调作品事件的发生性，在一定的时间内，又可能生发出许多可能性的变化发展。如果作品只是一个静态的结果，对公共艺术来说意义不大。因为过程和发生，使公共艺术变得更富魅力。

（4）综合性与多元性

公共空间艺术是开放性的，不但包括视觉上的多层次、多方位的开放，还包括观赏者不同审美情趣的开放。因此，公共空间艺术的创作是综合性的，要综合考虑功能性、人文、艺术、环境、材料、心理和情感等要素。

这种综合性特点不仅受到艺术审美方面的制约，同时还涉及材料学、视觉心理学、建筑学、环境色彩学、光学、民俗学、宗教学等社会学科和自然学科诸多学科的综合。

公共艺术不能看做是纯粹的户外艺术，公共空间不能只理解为室外空间，位于开放性的室内空间的艺术创作也同样可以视作公共艺术。所以公共艺术展示的空间也比较广泛。公共艺术的多元性表现为可以通过各种艺术形态来完成，诸如建筑艺术、雕塑艺术、绘画艺术、装置艺术、表演艺术、行为艺术、地景艺术、影像艺术、高科技艺术等。（图 11-9 ～图 11-12）

图 11-9

图 11-10   图 11-11   图 11-12

11.3　公共艺术的社会作用

11.3.1　文化拯救唤醒

相对于城市形象系统而言，公共艺术的一个重要任务是文化拯救和文化唤醒。从城市建设自身的发展来看，将由单纯的物质空间的塑造，逐渐转向对城市文化的继承与建构，提升城市的整体形象，并为居住在城市中的人们提供优质的环境空间。从公共艺术的发展趋势及其对城市空间环境影响的视野看，将公共艺术理念导入城市的整体形态，将为城市的和谐与文明的发展带来新的气象。

11.3.2　促进沟通交流

在人类文明的发展进程中，城市和乡村曾有过令人迷恋的和谐状态。然而，工业化、现代化以及全球化的陆续到来，严重挑战了人类生活在自然环境中的生活状态。那么，公共艺术的出现则为城市环境和城市市民的生活注入了一种沟通自然、文化和人的生活的舞台，公共艺术作为一种开放性的空间艺术，它不仅有一种精神娱乐和文化唤醒的功能，更重要的就是作为一种沟通手段去链接自然、城市、环境、文化和艺术。

11.3.3　提升经济活力

在西方一些国家，公共艺术可以带来经济效益，发展公共艺术给城市带来的最直接的收入是旅游收入。同时，公共艺术还以文化创意产业的形式增加城市财富。公共艺术将引发城市整体经济活力的提升。公共艺术带来的经济效益不仅仅体现在城市在公共艺术的引导下实现人文与自然的和谐发展，而且体现在逐步走向宜居发展，从而吸引人流的聚集，带来投资的热潮。

11.3.4　增强城市认同

历史文化是一个城市的灵魂所在，也是城市实现可持续发展的重要源泉。公共艺术通过以视觉形式为主的多种媒体和手段，让城市的历史文化从日常生活中彰显出来，让城市记忆以物质的形式保存下来并流传开来，加深市民对居住地的认识，唤起人们对城市的情感。以城市文脉为纽带，使市民建立和增强城市认同，从而让城市更具有文化亲和力，赋予城市灵魂和生命。

图 11-13   图 11-14

图 11-15   图 11-16

11.3.5 促进文化繁荣

公共艺术对于促进城市经济、政治、文化各个方面发展，尤其是在提高城市文化形象方面，具有十分独特的价值和作用。因为公共艺术是文化的载体，是城市文明的象征。（图 11-13 ~ 图 11-16）

11.4 公共艺术的意义表达

11.4.1 主体精神的回归

公共艺术概念出现于 20 世纪 60 年代的美国，其中有着深刻的政治文化背景。"二战"后的美国，各种艺术流派得到了充分的发展，美国取代欧洲成为现代艺术的中心。许多艺术流派虽然在欧洲起源却在美国流行，如波普艺术、集成艺术等，由此而衍生出艺术社会化现象。这些艺术现象对于现代社会艺术文化层面的构建产生了深远的影响。对于现代公共艺术主体精神的形成具有非常重要的意义。艺术家们不再将强调自我、个性、原创性以及形式上的法则和所谓秩序,而是将艺术的大门向社会生活尽可能地敞开,艺术家从大众文化中寻求资源,将它们不断地复制、放大,从而艺术化地呈现在人们面前。从某种意义上来说,这反映了艺术家试图与公众接近与沟通的态度。他们反对前卫艺术仅仅向少数人开放的贵族化以及将艺术等级化的做法,希望艺术能够重新恢复对现实生活的关注,并且与尽可能多的社会公众发生联系。

　　20 世纪 50 年代,"二战"后的欧美各国百废待兴,开始了大规模的城市建设,发展高层建筑、大型公共建筑以及社区住宅,以解决城市居民住宅短缺的问题。城市的建筑风格较"二战"前发生了改变,国际主义风格以其高效实用的优势成为"二战"后充斥欧美各国城市的主要建筑风格,林立的摩天大楼改变着世界的天际线。混凝土、钢材、玻璃替代砖木、石材成为常规的建筑材料。城市中,各个历史时期的建筑装饰立面转向玻璃幕墙。这一实用主义的理性建筑一方面改变着城市的建筑风格与整体视觉形态,强化了现代城市的实用功能;另一方面也使人居环境单一而刻板。生活于现代城市的人们在享受现代化社会所带来的方便、快捷、高效生活的同时,还要求精神生活的宁静、愉悦和满足。在这种社会背景下,人们期待精神性的艺术作品为城市与公共空间带来归属感、亲近感和艺术化,以期实现精神的回归。(图 11-17 ~ 图 11-21)

图 11-17　　　　　　　　　　　　　　　　　图 11-18

图 11-19（左）
图 11-20（中）
图 11-21（右）

11.4.2　公共精神的构建

公共艺术与其他艺术形式相比，最显著的特征即在于它的公共性。所谓的"公共"有公众的、社会的、政府的、公开的含义的。"公共性"还应具有如下的基本内涵：

（1）开放性、自由性。人们在一定的开放的空间场所聚会，可以自由地交流、沟通和思想碰撞。

（2）独立性、超越性。在公共的场所，每个相对的个体具有独立性，他不依附任何的权力，具有自我表达、自我展示以及对他者进行评判的权利，因而，公共性，从深层次上讲，应该具有一种独立性与超越性。

（3）民族性、差异性。在公共时空中的个体是独立的，但不是无所归属的，并且任何的公共场域都不是虚幻的存在，因而，它首先体现着一定的民族性，而这种民族性又充分蕴涵着人类的终极指向，表现为差异性、多元性的共存。

综上，"公共艺术"的"公共性"应作为广义的理解，它更在于通过艺术的多种形式以进行公共精神的构建。"公共艺术"首先是一种艺术，只不过这种艺术形式有着一种特有的精神构筑，即公共精神的指向和构建。艺术家有权张扬自己的艺术个性，展示自我的设计理念，但这种设计同时又是面向公众的，具有公共性。因而，通过艺术的感召传达公共精神是进行艺术创作的必然追求。在公共艺术的世界中，艺术家在自我展现的过程中与他人相遇，这便构成自我和他者之间的交流沟通，这种交流和沟通，就是自我和他者之间的生命的交流和对话。公共艺术的生命精神正在于此。艺术家的生命力在这种公共的场域中被进一步激活，从而得以延续生长。

对于公共艺术来说，其所铸就的公共精神及所陶冶的艺术灵魂，都不仅仅是属于艺术家个体的生命存在，彰显其个人的意义生存，而是在用各种公共艺术的符号语言对公众表达一个意义世界，构筑着一种精神的生命。创作者与公众相遇、交流的过程就是一个符号意义生成的过程，这种意义会根据场地变迁不断地变化、延伸、衍生，进而还会生发出新的意义，因此，意义的生成即可看做是生命的不断地提升和超越的历程。公共艺术存在的意义正是通过与公众最亲近的艺术形式，现实的生存方式、生活质量的提升，进而达到理想境界。

那么，在公共艺术的设计中使创作者与公众能够达成这种意义的生成共识，是值得当代公共艺术设计着力反思和探索的问题，这关系到公共艺术生命力的展现及其存在的价值。

在人类文化的发展史上，都市的建设始终是社会文明与进步的表征。都市环境的规划以及都市中公共艺术品的呈现正体现了这一地区经济文化的发展，因此城市的公共艺术和环境景观形态对于该城市的风貌、品格及个性形象的确认和张扬起到重要的作用，城市中心文化精神特征应主要以公共艺术设计去体现。（图 11-22 ~ 图 11-38）

图 11-22

图 11-23

图 11-24

图 11-25（左）
图 11-26（中）
图 11-27（右）

图 11-28

图 11-29

图 11-30

图 11-31

图 11-32　　　　　　　　　　　　　　　　　　　　　　图 11-33

图 11-34

图 11-35

图 11-36

图 11-37　　　　　　　　　　　　　　　　　　　　　　　图 11-38

11.5　公共艺术的创作手法

11.5.1　公共艺术的基本创意方法

（1）移位，是将一些原本属于一个场所特定文化范畴的机械、器具、部件等作为设计元素，将其直接搬移到公共空间作为艺术作品的一种设计方式。

（2）异致，是在材质、色彩、构造、功能上对一些设计素材进行的一种有意义、有意味的诠释或演绎。

（3）重构，就是打散肢解、重新组构的意思，是具有强烈表现力的表达方式，是一种偏重于形式上的艺术创作处理手法。通过对创作原形的大胆而有序的打散重组，产生迷离、错落、变幻、神秘而现代的视觉艺术效果。

（4）意象，是一种对物象或观念的写意表达。在对文化表象的理解和诠释中，追求着艺术作品精神上的契合和视觉上的冲击。

（5）装置，是指艺术家在特定的时空环境里，将人类日常生活中的物质文化实体，进行艺术性地有效选择、利用、改造、组合，使其延伸出新的有意蕴的艺术形态。装置艺术在题材选择、文化指向、艺术审美、价值定位、心理情感、制作方法等方面都呈现出多元的状态。

11.5.2 公共艺术的形态结构形式

（1）排列，即按照次序安排。排列要求用若干线材、面材或块材，在三维空间中进行各种有秩序的连续构成，以形成立体形态。其结构形式一般采用线、面、体等元素构成，具体来说有直线、折线、曲线、有机形以及几何形等，而其处理手法则有倾斜、渐变、旋转及其综合等。对于排列，应该要求有若干单元形，只有达到一定的数量，排列这种结构形式才能形成。

（2）层叠，通过面片的起伏，高低错落而形成独特的形式美感。层叠主要以体块和面片作为其构成元素。一般以面的折、堆作为主要手段，其构成元素或有机，或几何，或三维曲平面，或为软性自然材料，或为硬性自然材料，种类很多。围绕艺术家的意图作出不同材料的选择。

（3）堆积，即强调"堆"的状态。它一般以线材、片材、体块等作为基本的构成元素，其中元素可以为几何形式的，也可以为有机形式的，作品中单体的形态可以单一，也可以系列化。另外，就作品的造型手段而言，更加注重一种"堆"的感觉，在看似凌乱的构成中体现美感，把作品随意性的效果调整到一种视觉的平衡美。

（4）积聚，这里的积聚指两个以上的单元形体接触组合，如同搭积木一样，形体之间可以通过粘接，也可以通过面的过渡完成。不同的造型结果完全源自于作品创作的意图以及作品的表现手段。一般由体块作为其本元素构成，其中的体块有几何形也有有机形。

（5）支架，一般以点、线或类似线的体块作为其基本元素。其中点主要作为支架单元的连接件，形式上服从整体效果，而每个线或类似线材的体块，或为有机形，或为几何形。这些变化的单体在三维空间呈现出多样的数量关系，体现出丰富的变化性和独特的平衡美。

（6）框架，作为形体的支撑或空间的限定，具有很强的空间感。在形式感上，不同的形式元素、不同的空间形态都会形成不同意味的框架。在众多作品中，线条、面片不是作品表达的本意，空间才是作品意欲体现的关键所在。

（7）折曲，指将面材弯折，不过无论怎样折曲、何种材质，其立体造型均具有丰富的凹凸变化。在光影的影响下能表现出强烈的明暗效果，形态又会产生奇妙的变化。其结构一般以面材作为基本元素，折曲的方式十分多样，有二维平面和三维曲面的划分。而从折线的角度划分，可分为直线类和曲线类。（图 11-39 ~ 图 11-48）

图 11-39　　　　　　　　　　图 11-40　　　　　　　　　　图 11-41

图 11-42　　　　　　　　　　　　　　图 11-43

图 11-44（左）
图 11-45（右）

图 11-46

图 11-47

图 11-48

第 12 章

城市历史建筑环境保护与更新

近入 21 世纪以来，城市化进程快速发展，人们逐渐认识到历史建筑及环境遗产是城市发展不可或缺的宝贵财富，是城市风貌重要的载体，也是城市不可再生的物质文化资源。历史建筑与环境遗产承载着丰厚的历史文化内涵，见证着一座城市沧桑变迁。然而如何保护历史建筑与环境，特别是如何使其更新并充分利用，是摆在我国城市管理者和建筑及环境设计师面前的一个重要课题。

历史建筑所涵纳的时间信息既包括来自主体的使用痕迹，也包括自然气候等岁月演进的痕迹，是一种物质实体随着时间演进逐渐消磨所积累的精神和情感价值。历史建筑的状态表达会随着时间和使用而改变，这种改变不仅仅是建筑形式及设计风格的变化，也包括建筑肌体的老化和结构的改变。建筑每经历一次使用功能上的改变，即具有一种新的人为信息，这种种信息在原初的基底上不断累积、叠加，甚至交流和碰撞而逐步演进；同时风雨的侵袭促使建筑的表面老化和销蚀，标志着时间的流逝。这种痕迹将岁月的流逝真实地刻于建筑之上，将每一次人为信息的痕迹晕染在一起，构成了历史的连续性而成为"年轮"。为此直到建筑带着所有这些信息进入当下，于我们而言已成为"记忆的储存器"。（图 12-1）

12.1 保护与更新的意义

历史建筑及环境是指有一定历史、科学、艺术价值的，反映城市历史风貌和地方特色的建筑物、构筑物及其环境。具体包括法定的各级重点文物保护单位以及虽未定级但确有价值的古建筑、纪念建筑物、民居、遗址遗迹以及反映城市发展阶段的代表性建筑物、构筑物等；以及有历史价值的风景名胜地；较完整

图 12-1

地体现出某一历史时期岁月特色的地段与街区；能够体现历史上城市规划成就及反映城市发展历史的规划格局、风貌特色和空间秩序。

　　建筑及环境设计遗产是一座城市及一个国家在其历史发展过程中保留下来的弥足珍贵的财富，是体现一个城市文化内涵的重要标识。这些历史遗产也在一定程度上彰显着一个城市的城市特色和历史文脉。每一座历史建筑及其环境都反映着当地的自然风土、社会变迁和人文历史，承载着生活在这里的人的过往和故事。众多历史遗产形成了带有地域文化色彩的历史城区，它们成组、成片、成区地反映着历史城区城市生活的场景与状况，为后人传达着先人们生存的信息和片段，以及在历史长河中积淀下来的民族传统、生活习俗和文化审美，这些文化特征是历史建筑遗产的灵魂。

　　历史建筑及环境是一座城市的记忆，是城市历史的见证者，是先人留下的珍贵的文化遗产，其文化价值具有丰富的内涵，包括历史、政治、经济、文化和科技等多方面价值。一座保存完好的历史建筑，既是研究某一阶段历史文化的重要实物资料，又是社会变迁的历史见证。但作为物质历史文化遗存，历史建筑与其他文物一样，具有不可再生性，一旦遭到损毁破坏，建筑环境本体及其承载的历史文化都将不复存在、永远消失，对于所在城市来说将是无法弥补的遗憾。所以，只有把历史建筑及环境保护维护好，让它们以其原有的面貌长久地保存下去，才能发挥传承历史文化的作用。

　　早在 1933 年，国际现代建筑协会会议通过了关于城市规划理论和方法的纲领性文件——《城市规划大纲》，即《雅典宪章》。规定有历史价值的古建筑均应妥为保存，不可加以破坏。后来国际古迹遗址理事会第八届全体大会于 1987 年在华盛顿通过《华盛顿宪章》，提出"一切城市、社区，不论其是长期逐渐发展起来的，还是有意创建的，都是历史上各种各样的社会表现。这些文化财产无论其等级多低，均构成人类的记忆"。

　　同时，推动历史建筑及其环境的功能升级，能使其满足现代社会、经济、文化发展的需要。历史建筑不只具有历史意义，更重要的是还有现实使用意义。如果历史建筑没有了现实意义，也就失去了居住或其他与原有功能相关的使用功能，那保护价值也就大打折扣了。为此，可持续地对它予以保护和再利用是实现历史建筑价值的最佳途径。

　　由此可见，作为物质存在的建筑及其环境，是文化的物化和外化，承载着大量而丰富的历史文化信息，通过对各个历史建筑的研究可以使我们对各个历史时期的政治、经济、社会、文化等各方面历史问题得到详尽的研究和了解。保护历史建筑及其环境涉及历史城区，不论大小，其中包括城市、城镇以及历史中心或居住区，也包括其自然的和人造的环境。除了它们的历史文献作用之外，这些地区体现着传统的城市文化的价值。

　　中国是拥有五千年历史文化的文明古国，有着深厚的文化积淀与丰富的历史遗产。在建筑与城市遗产方面有着大量的积淀着历史信息的建筑环境遗产与历史街区。然而由于改革开放以来社会快速发展，经济发展与历史建筑的保护之间存在着冲突，过于看重经济的指标，忽略了历史文化的建设，特别是对历史文化遗产的保护在相当一个时期没有给予充

图 12-2   图 12-3

图 12-4   图 12-5

分重视。虽然进入 21 世纪后随着进一步开放，各级政府和设计师们逐渐醒悟，历史建筑保护与更新意识不断提升，也建立了比较严格的保护制度。然而在保护的观念认识方面还存在一些误区，在保护方法方面还停留在较初级阶段，在利用更新方面没有形成成熟的策略。（图 12-2 ~ 图 12-5）

12.2　保护与更新的原则

12.2.1　《威尼斯宪章》

1964 年，从事历史文物建筑工作的建筑师和技术员国际会议第二次会议在威尼斯通过的决议即《威尼斯宪章》，它是保护文物建筑及历史地段的国际原则，全称《保护文物建筑及历史地段的国际宪章》。宪章肯定了历史文物建筑的重要价值和作用，将其视为人类的共同遗产和历史的见证。《威尼斯宪章》给出了保护文物建筑及历史遗产的国际原则，宪章分定义、保护、修复、历史地段、发掘和出版 6 部分共 16 条，明确了历史文物建筑的概念，同时要求必须利用一切科学技术保护与修复文物建筑。强调修复是一种高度专门化的技术，必须尊重原始资料和确凿的文献，决不能有丝毫臆测。其目的是完全保护和再现历史文物建筑的审美和价值。

《威尼斯宪章》（以下简称《宪章》）认为世世代代人民的历史文物建筑，饱含着从过去的年月传下来的信息，是人民千百年传统的活的见证。人民越来越认识到人类各种价值的统一性，从而把古代的纪念物看做共同的遗产。后人为子孙后代而妥善地保护它们是我们共同的责任，必须一点不走样地把它们的全部信息传下去。同时强调绝对有必要为完全保护和修复古建筑建立国际公认的原则，每个国家有义务根据自己的文化和传统运用这些原则。

《宪章》给出的定义包括：历史文物建筑的概念，不仅包含个别的建筑作品，而且包含能够见证某种文明、某种有意义的发展或某种历史事件的城市或乡村环境，这不仅适用于伟大的艺术品，也适用于由于时光流逝而获得文化意义的在过去比较不重要的作品；必须利用有助于研究和保护建筑遗产的一切科学和技术来保护和修复文物建筑；保护和修复的文物建筑，既要当作历史见证物，也要当作艺术作品来保护。

关于保护和修复《宪章》提出：保护文物建筑，务必要使它传之永久；为社会公益而使用文物建筑，有利于它的保护。但使用时决不可以变动它的布局或装饰。只有在这个限度内，才可以考虑和同意由于功能的改变所要求的修正；同时保护一座文物建筑，意味着要适当地保护一个环境。任何地方，凡传统的环境还存在，就必须保护。凡是会改变体形关系和颜色关系的新建、拆除或变动都是决不允许的；一座文物建筑不可以从它所见证的历史和它所从产生的环境中分离出来。不得整个地或局部地搬迁文物建筑，除非为保护它而非迁不可，或者因为国家的或国际的十分重大的利益有此要求；文物建筑上的绘画、雕刻或装饰只有在非取下便不能保护它们时才可以取下；修复是一件高度专门化的技术。它的目的是完全保护和再现文物建筑的审美和历史价值，它必须尊重原始资料和确凿的文献。它不能有丝毫臆测。任何一点不可避免的增添部分都必须跟原来的建筑外观明显地区别开来，并且要看得出是当代的东西；当传统的技术不能解决问题时，可以利用任何现代的结构和保护技术来加固文物建筑，但这种技术应有充分的科学根据，并经实验证明其有效；时代加在一座文物建筑上的正当的东西都要尊重，因为修复的目的不是追求风格的统一；补足缺失的部分，必须保持整体的和谐一致；不允许有所添加，除非它们不至于损伤建筑物的有关部分、它的传统布局、它的构图的均衡和它跟传统环境的关系。

关于历史地段和发掘《宪章》强调：必须把文物建筑所在的地段当作专门注意的对象，要保护它们的整体性，要保证用恰当的方式清理和展示它们。这种地段上的保护和修复工作要按前面所说各项原则进行；发掘必须坚持科学标准，并且遵守联合国教科文组织1956 年通过的关于考古发掘的国际原则的建议。遗址必须保存，必须采取必要的措施永久地保存建筑面貌和所发现的文物。进一步，必须采取一切方法从速理解文物的意义，揭示它而决不可歪曲它。预先就要禁止任何的重建。

2002 年，我国参照《威尼斯宪章》国际原则，根据中国文物古迹保护的具体情况和中国文物古迹保护工作长期的经验积累，制定的一份行业规则即《中国文物古迹保护准则》（以下简称《准则》）。《准则》中的主要原则和精神也在中国文物古迹主管部门公布的相关法规中得到了越来越多的体现。

12.2.2　历史建筑保护原则

（1）建筑遗产保护的原真性原则

原真性原则就是对历史建筑及其环境遗产原封不动地保存，保持历史文化的原真性。这是联合国提倡的标准，一般对文物古迹应原封不动地保存。历史建筑及其环境具有不可再生的特点，作为人类物质文化遗产，需要历史建筑及环境附着的信息必须是准确而切实可靠的，损坏了这些信息的真实性，就失去了文化遗产的价值，因此历史建筑保护最根本的原则就是坚持原真性的原则，基于这样的原真性原则，历史建筑的保护和维修应该坚持"不改变原状"。

对于残缺的建筑及环境遗迹修复应"整旧如故，以存其真"。《威尼斯宪章》提出了世界各国公认的修复原则：修复和补缺的部分必须跟原有部分形成整体，保持总体效果上的和谐统一，这样有助于恢复而不能降低它的艺术价值、历史价值、科学价值、信息价值。《威尼斯宪章》本身正是对原真性的保护遗产最好的诠释，奠定了原真性对国际现代遗产保护的意义。即使一些十分重要的历史建筑物因故被毁，如果没有特殊的就没有必要重建，因为重建必然失去了历史的真实性，又耗资巨大，还破坏了遗迹。为此在更多情况下保存残迹更有价值。

历史建筑是一种物质存在，所有的信息和价值都是从其建筑的形式、材料和质感特征中呈现的。建筑及环境的保护应尽可能复原建筑初始建设时的面貌，当然也可以是某一历史阶段的面貌。尊重历史的真实，保护好历史的原建，而不应该盲目地按既定图纸再去新建，造成"假古董"。所以要尽量保护建筑原有的状态，包括建筑的结构式样、比例尺度、形态造型、材料色彩以及平面布局。还有特定建筑与周围环境的关系，因为建筑与其存在环境是一个整体，不可以脱离环境而存在。历史文化遗产环境的意义更重要，而且与历史建筑有关的地形、地貌包括土壤、植被和水体都要保护。

历史建筑及其环境的利用是以不损坏遗产为前提，以继续原有使用方式为最佳选择，当然也可以作为博物馆和旅游景观供人们参观游览，但要采取相应措施谨防被破坏。如果是建筑群、历史街区或古城遗址，更要保护好整体环境及其格局特征，特别是整个建筑群、历史街区或古城遗址的结构布局、方位轴线、道路骨架、河网水系等，真实地展现建筑环境的历史原貌。所以不论是项目决策者还是设计师都要克服历史建筑保护中的急功近利，抛弃历史建筑及环境整治中的盲目性，走出误区，正本清源，还历史建筑的原真性。（图12-6～图12-8）

（2）建筑遗产保护的最低限度的干预原则

历史建筑及其环境的保护应重在日常的保养和维护，而不在于依赖修整和修缮，对历史建筑做得越多，就越不可避免地干扰和混淆历史的原初状态。这样做目的是最大限度地保留历史信息，因此维护的原则就是最低限度的干预。历史建筑及其环境的原有的材料和

图 12-6

图 12-7

图 12-8

工艺永远是首选，可以不动的尽量不动。涉及结构问题应该采取在原有结构上支撑的加固方法，原始的材料并不会因丧失了原有的功能而被置换，最大限度地保留了历史信息。

在保护修缮设计中，要尊重历史真实，体现安全第一与最少干预的原则，同时也要体现历史可读性原则、修复手段可识别性的原则。采取一切可行的合理的技术和工艺手段，排除历史建筑隐患，消解历史建筑病害；科学合理地恢复历史真实原状，能小修的不大修，最大限度地保留历史信息，能保留的坚决不动，以确保文物安全。坚持保护文物完整性、真实性、延续性的修缮原则，尽可能多地保存大量的真实的历史信息，最低限度地干预文物建筑本身，避免维修过程中修缮性的破坏。（图 12-9 ~ 图 12-11）

（3）建筑遗产保护的完整性原则

具体针对建筑遗产保护而言，根本问题要坚持整体性保护原则，就是要充分考虑建筑遗产与建筑环境、城市风貌、城市更新的关系。也就是应该由强调单体建筑的保护到注重保存城市历史氛围的认识转变，从最初的"标本冻结式"的保护到整体性的历史环境保护的过程。因此，在保护过程中要依据整体的历史风貌保护规划，并在此基础上加强规划管

图 12-9　　　　　　　　　　　　　　　　　　　　图 12-10

图 12-11

理和景观控制。同时还要在整体保护中理清保护与发展的关系。由于特定的区域和人文环境，形成了城市不同的历史建筑风貌特色。历史建筑记录着城市历史演变轨迹，展现着特定时期的典型风貌和地方特色，反映着历史文化宝贵的价值，显示着城市的历史记忆。实际上，相关国际组织和机构通过的一系列保护文化遗产的宪章对历史建筑遗产的范围做出了明确的界定，既包括历史建筑及其建筑群，也包括历史建筑赖以存在的历史街区、历史文化风貌区等能够集中体现特定文化或历史事件的城市或乡村环境，已充分说明对建筑遗产资源整体性保护的重视。《威尼斯宪章》指出，"古迹的保护意味着对一定范围环境的保护"，以及后来的"建筑遗产不仅包含最重要的纪念性建筑，还包括那些位于古镇和特色村落中的次要建筑群及其自然环境和人工环境"。

综上，保护建筑遗产及其周围的环境，或者说通过对建筑遗产外围环境的控制来实现对遗产的整体保护，这是实现建筑遗产资源整体性保护的基本要求。从城市规划和文化发展的视角看，对于有着丰富建筑遗产资源的历史文化名城而言，建筑遗产资源的整体性保护原则还要求充分发挥建筑遗产的综合价值与整体文化效能，避免城市空间中传统建筑元素的"面"被打散，"线"被切断，通过"整体保护"与"重点保护"相结合的规划策略，将建筑遗产有机整合到城市的空间形态和结构形态之中。（图 12-12 ~ 图 12-16）

（4）建筑遗产保护的合理利用原则

建筑遗产保护也不能仅仅采用静态保护的方式，而是应该挖掘历史建筑深层次的文化和技术价值，保护历史建筑的真实性，改善建筑环境质量，优化空间布局，赋予历史建筑新的使用功能，并增强历史建筑活力，通过合理利用达到延续历史建筑的生命。因此，在历史建筑保护中始终坚持合理利用的原则，在确保历史文化遗产真实性和完整性的基础上，根据规划保护理念定位，以及历史建筑的性质、结构、空间和原有功能选择适当的利用形式，例如居住、办公、文博、旅游、商贸等功能，实现历史建筑的合理有机更新和持续发展。

图 12-12　　　　　　　　　　　　　　　　　　图 12-13

图 12-14

图 12-15

图 12-16

随着时间的推移，建筑的功能或使用价值会逐渐降低，甚至消失殆尽。改变原有功能或增加新功能，还需要对原有建筑空间加以调整和改建，甚至是局部的扩建，有时还需要对结构体系进行或多或少的改造。为了更加合理利用，还会更换或增添相关的设施，比如卫生洁具的更换，消防设施的增加，上下水及暖通设备完善配套等。而且历史建筑遗产不管是使用要求还是使用效果，均与现代人生活需求不符，为了使更好地适应现代社会的功能，历史建筑在隔热、保温、采光与通风、甚至是节能等功能方面就应该改造完善，但即使已利用现代化技术手段也难以解决的问题，这本身就是保护更新设计上的挑战。倘若能有效解决上述问题，将会激发历史建筑更大的潜能，更好地服务现代社会。同时历史建筑要在功能方面利用好，就更应该在对其内部和外部空间进行保护的基础上，使其充分满足其现代功能需求。内部空间环境是建筑功能最直接的体现，所以在保护空间结构和界面装饰基础上，做好空间布局和使用功能划分，才能更充分地发挥空间效能；外部空间环境在保证其历史价值的前提下，还应将其浓厚的文化内涵与建筑特色充分地体现出来，使其焕发出现代价值，同时建立与周围环境协调的氛围。

历史建筑的保护与维修，不但涉及建筑本身，还与地方经济市场需求、社会、人文风貌以及历史渊源存在千丝万缕的联系，怎样使其与周围环境、现代城市生活有机联系，汲取传统文化的营养与内涵，是目前建筑行业亟待解决的重要问题，同时也是开发、利用历史建筑的基础。

12.3　保护措施与更新方法

12.3.1　"保护"的概念和措施

随着对历史建筑环境保护的越发重视，"保护"的内涵也在不断发展，现在已经成为一个比较成熟的概念。早在 19 世纪，希腊和英国就先后通过了保护建筑古迹的法律。20世纪中叶，世界范围内形成了一个保护文物古迹及其环境的高潮，保护历史文化遗产的国际组织在此期间通过了一系列宪章和建议，确定保护原则，推广先进方法，协调各国的历史文化遗产保护工作。

"保护"的概念是指对建筑遗产及其历史环境的控制、改善和修复，可以理解为"为降低文化遗产和历史环境衰败的速度而对变化进行的动态管理"。《中国文物古迹保护准则》提出："保护的任务是通过技术的和管理的措施，修缮自然力和人为造成的损伤，制止新的破坏。"根据现在对"保护"的理解和实践，其方法包括：冻结保存、日常维护、预防性保护、加固、修复、迁址保护、重建、更新再利用。

（1）冻结保存

这是最为常见的保护方法和措施，针对对象一般为价值较高、现存状态无明显问题的历史建筑遗产，力图原封不动地保存其历史的原真性，不采取任何使之现状改变的措施和手段，不做任何多余的修补和维修。例如英国的巨石阵、复活节岛上的石像等。

（2）日常维护

这是一种间接的保护措施方法。通过对遗产主体和环境进行经常、定期的检查和监测，及时记录、掌握现状情况，发现预估风险，通过管理和保养措施消除隐患，及时采取处理措施。如及时处理虫蚁巢穴、清理有破坏性的植物、限制游客人数、轮换开放时间等规避危险的发生。

（3）预防性保护

这是建筑遗产保护的一个新概念，是通过对建筑遗产的监控和测量，记录建筑的各种数据并加以研究分析从而得出建筑衰老、腐化、损毁的规律，如周边环境的污染、洪涝灾害对气候的影响、风化腐蚀的因素、温度湿度的实时数据等，进行科学的风险评估，以此来有针对性地确定保护方法，实现预见性的灾害防护，从而避免不可修复性的灾害的产生。如浙江宁波历史最久、保存完整的宁波保国寺大殿，就是应用数字化信息技术对建筑状态进行实时监测，并建立了数据采集、信息管理和数据展示三者融为一体的监测系统。

（4）加固

加固是一种直接的保护方法，主要针对结构上已经接近破败的建筑，通过技术手段加强其原有结构之间的联系或强化原有材料的强度，以增强原有结构体系的强度；在建筑结构局部增加新的结构体系或支撑措施来改变其原有的结构受力状态，将受力转至新加的结构体系上，从而保证原建筑的稳定性和完整性。由于是施加于建筑主体上的保护方法，加固只有在确实判明建筑的结构损坏或材料强度已经无法支持时才能使用。

（5）修复

修复也是一种直接干预的保护方法，简单地说就是对于残破的建筑进行维修与恢复。主要是对建筑遗产在不改变原状的前提下，运用传统或现代的工程和技术手段，使遗产恢复到良好、健康的状态，延续其寿命。修复部分和使用材料要跟其余部分形成和谐的整体，但必须可以明显识别，以保持建筑遗产的历史可读性，不失真实。建筑遗产修复的典型实例如意大利罗马的大斗兽场。

（6）迁址保护

这是将建筑物或构筑物或遗址转移至异地进行保护的办法，它有两种形式。一种是将建筑整体平移至新的地址。这种方法对建筑遗产的伤害较小，但成本要求与技术要求都比较高，且对移动路线上的场地条件要求高。如上海音乐厅，2003 年因道路建设需要，这座建于 1930 年的钢混结构建筑被向南移动了近 70 米。另一种方法是在测绘、编号、记录后就地拆除，将拆除后的构架和材料移至新的地址，再进行重新组装或原样复建。在这种方法采用的较多，但是对建筑遗址损害较大，比较典型的例子则是 1960 年因兴建三门峡水库被迁建的山西芮城县永乐宫。

（7）重建

重建也被称复建或者复原，是指在遗址或原基址上按照某个已知的早期状态重新建造已消失的建筑。诸如一些特别重要的历史建筑物因故被毁，由于它们特定的历史价值和象征意义而需要重建。但是，重建必须慎重，必须经专家论证，因为重建必然失去了历史的真实性，又耗资巨大，还破坏了遗迹，在更多情况下保存残迹更有价值。

重建需要注意两种情况。其一，如果遗址或原基址无迹可寻，那么新建设就不属于重建性质。其二，必须要有严格、可信的依据，这当然依据考古发掘和翔实的史料，以及严谨的考证，决不可臆测和创造。因此，只有在极特殊的情况下才允许重建，即这种重建是保护尚存的一些遗址和残址所必需的措施，且能够兼顾到展示作用，或是消失的建筑具有某种重要意义与价值。

重建的历史建筑既可以完全使用传统材料与传统技术，也可以使用新材料、新技术。但不管建造水平多么高，材料、样式多么符合历史原状，即使在今后成为遗产，它仍然只是仿古作品，而不是它所模仿的那个历史原物，不具有历史真实性。

（8）更新再利用

更新再利用是指对于建筑物本身进行适当改造，也属于直接性的保护措施，但与单纯的修复与加固不同的是，更新再利用是通过更新的手段，达到使建筑满足重新使用和需求的目的。如消防设施、排水设施等设施设备的改造更新，使其达到新的使用要求；还有是在原有基础上增加新的功能，通过对原有建筑空间的改造和调整，甚至是局部的扩建，改变其原有的功能从而适应新的需求。

　　"保护"狭义的概念是相对于修复而言的保持性活动,而广义的保护还包括再生、复兴、更新、改造、利用、活化等其他相关活动在内的行为总称。现代建筑遗产保护运动的发展,还有一个非常重要的价值拓展,就是对建筑遗产的价值认识从内在价值走向内在价值与外在价值相结合的综合价值观,即将建筑遗产不仅仅视为一种珍贵的文物,同时还视为一种文化资源。在此意义上,可以说通过对建筑遗产的适宜性再开发(包括重建、改造、扩建、再利用等活动),更好地保护其综合价值,尤其是挖掘和发挥其蕴含的独特公共文化价值功能,也是一种保护。(图 12-17 ~ 图 12-26)

12.3.2　更新的设计方法

　　改革开放以来,我国曾经一度盛行拆真遗存、建"假古董"的现象,为此,住房和城乡建设部也要求各地加强对历史建筑的严格保护,严禁随意拆除和破坏已确定为历史建筑的老房子、近现代建筑和工业遗产,不拆真遗存,少建假古董。因此,在确立了城市历史建筑及环境的价值之后,如何在设计中正确处理好历史环境中新建筑与景观问题,

图 12-17

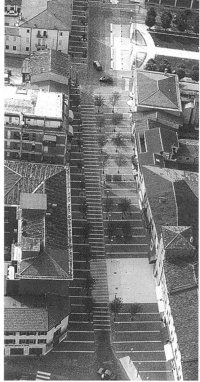

图 12-18

图 12-19

图 12-20

图 12-22

图 12-21

图 12-23

图 12-24

图 12-25

图 12-26

成为城市高速发展过程中亟待解决的问题。时间在流逝，新与旧就是一个永恒的课题，历史保护地区的新建筑究竟应以何种姿态出现？新旧建筑及其与城市历史环境的共存共生是未来不可阻挡的趋势，城市历史环境的协调与发展也是当今国内外建筑界研究的重要方向，让新老建筑共存与共荣的研究也就成为我国建筑及环境设计理论与创作过程中讨论的焦点。

建筑及其环境更新是对城市中某一衰落的、已经不适应现代城市社会生活的建筑或区域进行必要的改建活动，以拆建、改造、维护等方式，以全新的功能替换功能性衰败的物质空间，使之重新利用和发展。它包括两方面的内容，一方面是对客观存在建筑环境实体的改造，另一方面是对诸如文化环境、空间环境、景观环境、生态环境的改造、更新与延续，使其改善使用功能，提高生活品质，促进城市健全可持续发展。

（1）新旧对话　共存共生

新建建筑与历史建成建筑环境之间的矛盾尤为突出，其历史文化断裂现象明显。因此，建设新建筑用怎样的方式取得与老建筑的共生，满足城市环境重塑的要求，并赋予城市文脉新内涵以达到正确处理新建筑及景观与历史建成环境的关系成为我们思考的重要设计课题。

新建建筑与历史建筑共同处于同一空间环境中，共存共生，新旧并置，新旧对话。设计过程中新建建筑在设计理念上首先要尊重历史建筑，追寻城市记忆，与历史对话为依据。具体在设计手法中运用空间形态的统一对比形式原则，在形态塑造、比例尺度、色彩材质等方面遵循充分尊重历史，更好地呈现历史建筑，使新旧建筑和谐共处。这种方法往往针对采取历史建筑的"标本冻结式"的保护方法，从局部到整体完整保护历史环境。在城市历史环境中插入新的建筑与环境，建立新的空间形态，展现新的建筑及环境美学元素和空间关系，是对新建筑与历史建成环境之间的协调性与复杂性问题的全面统筹，尽量给予城市发展更多的可能性。如英国爱丁堡旧城改造项目，建筑及其环境设计的过程始终伴随着空间塑造的过程，历史与现实环境是建筑及环境设计的出发点与回归点。为此创造新的空间形态的同时，努力从历史环境出发，从自然条件及场地环境等方面综合整体考虑，依据地域环境、尊重传统文脉等诸多因素，选择建筑及环境塑造的定位和走向，使新旧建筑成为环境中不可分割的一部分。同时注重旧城更新使空间更具开放性，保证市民在区域更新后获得多样性活动的场所，以便更好地利用城市资源，从而充分发挥历史元素的价值。

因此，新旧建筑共存共生，就应延续或调整置换功能，使历史建筑的功能融入现代生活需求，以新的经济模式形成开放的空间环境。所以，这就要求在历史街区的激活中，保护与发展同步，继承与开发同步，传统与现代同步，尽可能使建设与保护历史建筑同步进行，最大程度地保留其原汁原味的建筑外观风貌。保护真实历史遗存，挖掘城市历史文化内涵，增强城市文化气息，提升城市艺术品位，体现历史与未来的共融。（图 12-27 ~ 图 12-33）

图 12-27　　　　　　　　　　　　　　　　图 12-28

图 12-29

图 12-31　　　　　　　　　　　　　　　　图 12-30

图 12-32

图 12-33

（2）保护创新　多维多元

如果历史建筑物因时间流逝或人为战争破坏被毁形成破败的遗迹，只有残破不堪的部分建筑片段而没有一个完整的整体形象，就应该运用创新的理念及设计手法进行更新。首先还是最大限度地去保护现有遗迹，然后创造性地提出解决方案。即认真梳理和解读建筑的前世今生，通过运用理性思维对现存的历史建筑环境片段深入而全面地解析，了解它们在其历史环境中的状况，充分了解环境的地域特征、文化内涵与历史文脉。最后结合新建建筑和城市设计的定位形成设计思路与策略。如英国伦敦城墙广场就是这样的典型案例。广场位于伦敦金融城，整个设计是通过空中天桥来联结和完善金融城里整个"现代与过去"的网络。这条空中走道从一间金融办公室中延伸开来，横跨了走道下面的整个罗马遗迹，形成二层立体复合多变的"公共领域"空间。在这个空中领域里，人们可以从不同的角度和层次穿梭于罗马城墙遗址和金融城的高楼大厦之间，其中之一就是战时被轰炸、战后修复重建的伦敦墙遗址。这些天桥走廊与周围的环境浑然一体，形成了多层开放空间的设计理念。这项设计的主要目的是避免历史遗迹被遗忘。设计师期望通过这种交错的一体化设计，唤起人们对历史遗迹的关注和欣赏。这个设计仿佛创造了一个多维度的时空，一个古老的未来主义，它是现代充满活力和过去充满回忆的一个混合体。各种各样的情绪能从古老的墙壁上、寂静的落叶间，影响到路上的汽车灯光中。正是通过这样的拓展历史遗迹和创新设计，联结历史、现在和未来创造出多维的时间和空间。这个案例正如意大利建筑师乔万诺尼就城市遗产保护和修复中说的极其重要的原则就是"古代城市'片断'应被整合到一个地方的区域的和国土的规划中，这一规划象征了古代肌理与现在的生活关系"。可见，乔万诺尼主张，应通过城市规划整合建筑遗产与当代城市形态的关系，创造性提出解决方案，使古代的肌理能融入现代城市生活，成为现代城市空间不可分割的一部分。

同样，成都远洋太古里购物中心也是采用这种方式。项目秉承"开放街区、新旧融合、文化传承、空间共享、永续都市"的核心规划理念，诠释了"古"与"今"的完美融合，即通过保留古老街巷与富含历史底蕴的院落民居，再融入两至三层的现代商业建筑，并配合优越的景观设计，打造出了城市中央商业区别具一格的集合街道、里巷、广场组成的开放式、低密度的商业街区新地标。其最大的亮点在于一次实现文化遗产、创意时尚都市生活和可持续发展的结合。项目与都市环境和文化遗产紧密结合，不仅是购物中心，更是一个主打川西风格的文创街区。4 个户外广场、5 个历史建筑，最大程度地保留了地域原貌，是对旧遗址的保留和二次利用最具城市特色的项目。改造理念在于充分体现商业与文化的共融，创造一种新的体验式生活空间，对我国城市更新这一课题具有启示意义。

可以看出，通过城市规划途径较好地处理老城与新城、保护与更新的关系，营造建筑群的图底关系，保留老城、历史地段、传统街区原有的空间场所特征，城市在保持基本文脉的基础上有机更新，使得历史文化名城整体风貌得以有效保护和延续。（图 12-34 ~ 图 12-40）

（3）解构再生　重组重塑

对大部分历史建筑进行保护与修复的目的是，除了要规划好建筑内部空间之外，还能充分满足其现代功能性需求。充分运用现代设计理念对历史建筑进行形态解构重组以使历史建筑重获新生，具体是通过建筑科技手段在保证其历史风貌的前提下，通过新结构、新材料和新工艺对历史建筑进行加建、改建，使其保留浓厚的历史文化内涵与高超的建筑技巧，焕发出勃勃生机，建立与周围环境协调的空间氛围。

图 12-34

图 12-35

图 12-36（左上）
图 12-37（右）
图 12-38（左下）

图 12-39

图 12-40

德国柏林国会大厦就是典型的代表，其前身是具有 100 多年历史的帝国大厦，几经毁坏和重建，已是残缺不整，扩建与维修显得既不实际，而传统的布局也无法容纳新的功能。德国统一后将其作为议会新址，成为德国统一的象征。因此政府举行了国际竞标，后由福斯特及其设计事务所赢得了这场竞赛。福斯特以其惯用的高技派风格，将玻璃与钢结构融入这个历史建筑中，为德国创造了一个新的城市标志。新国会大厦保留建筑的外墙风貌不变，而将室内全部掏空，以钢结构重做内部结构体系，使古典庄严的外壳里包裹的是一座现代化的新建筑，并获得了新生。大厦顶部的古典穹顶早已损毁，为此，福斯特创造了一个全新的玻璃穹顶，其内为两座交错走向的螺旋式通道，用裸露的全钢结构支撑。这一设计既满足了新的功能要求，又赋予这一古老建筑以新的形象，为德国首都创造了一个新的城市地标。

可以看出，在技术发展的当今，建筑科技不仅要满足功能需求，还应是表现建筑艺术的重要手段。城市更新项目，既要着力延续历史文脉，又要赋予其适合时代和未来城市发展的使用功能。

改造更新、解构再生，就是一方面要修复旧建筑，根据历史建筑的历史价值和现今的使用状况，对不同的建筑采用不同的修复方式还原历史的肌理关系；另一方面要植入新建筑，因为旧有的建筑格局难以满足当代环境的功能性甚至是舒适性要求，所以就应该对建筑进行功能置换和空间重构，来满足多样、复杂的当代生活和审美需求。空间的重组重塑设计，并不仅仅是创造一个新的空间形态，而是围绕具体的建筑条件与制约解决各种关系，包括新与旧的关系、内与外的关系、人工与自然的关系以及人与空间的关系等，同时在设计过程中充分利用当今时代植入新的结构与构造、新的材料与工艺，最后通过设计形成改造更新方案。这样将历史建筑重新激活，带着特有的历史厚重感投入现代生活。（图 12-41 ~ 图 12-53）

（4）重建活化　修缮修复

历史建筑重建是指建筑物破坏严重或已基本消失，市政设施等有关城市生活环境要素的质量全面恶化的区域。这些要素已无法通过其他方式，使其重新适应当前城市生活的要求。这种情况不仅降低了居民的生活品质，甚至会阻碍正常的经济活动和城市的发展。因此必须拆除原有的建筑物，并对整个区域重新设计更新方案。建筑的用途和规模、公共空间、街道的拓宽或新建、停车场地的设置以及城市空间景观等，都应在旧区改建规划中统一规划。重建是一种最为完整的更新方式，恢复性修建作为老城保护的一种策略，近年在我国推广的比较普遍，西安的"大唐西市"项目是历史建筑复建的一个典型案例，是在西安市政府"皇城复兴计划"的推动下，形成的一个以文化为主线，以丝路风情和旅游会展为特色的文化产业项目，也是全国唯一在唐长安西市原址上重建的项目。

另外，部分重建在我国也是常见的改造更新策略，比如拆除重建或复建立面，转换为商业功能。2001 年建成的上海新天地项目就是这种模式，由于保留下来的石库门建筑历史

图 12-41

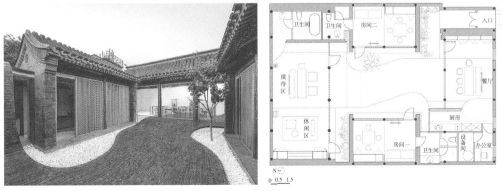

图 12-42

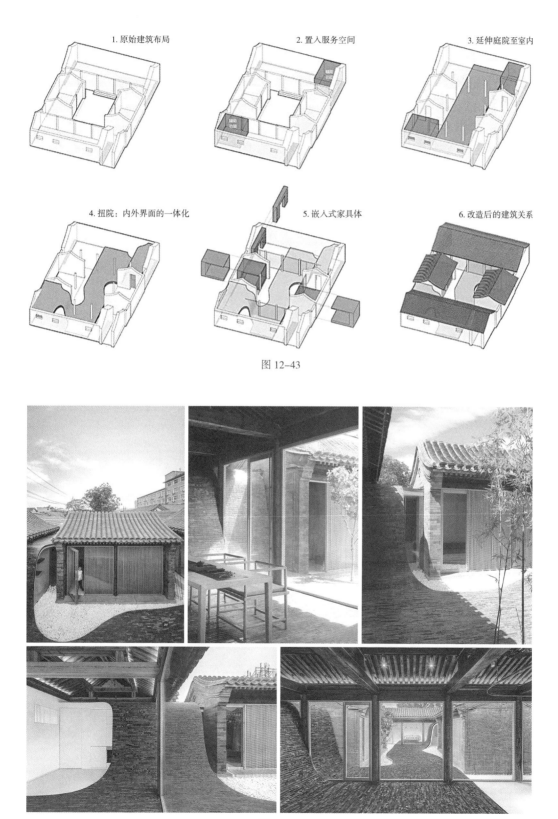

1. 原始建筑布局 2. 置入服务空间 3. 延伸庭院至室内
4. 扭院：内外界面的一体化 5. 嵌入式家具体 6. 改造后的建筑关系

图 12-43

图 12-44

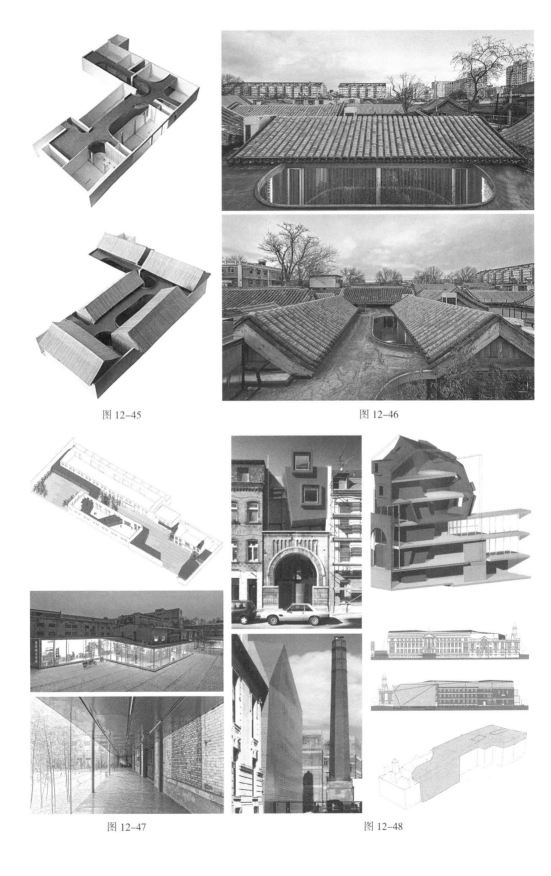

图 12-45

图 12-46

图 12-47

图 12-48

图 12-49

图 12-50

图 12-51

图 12-53

图 12-52

较长，加之过度使用，缺乏保养，已面目全非。为此按原图纸设计并采用原有的砖瓦进行复建立面，还有部分重建，以达到整旧如旧的效果。当然改造的过程中还要完善地下排污管、煤气管等基础设施。新天地模式对于历史街区的保护、探索新的开发利用模式起了一个示范作用，其改变了石库门原有的居住功能，创新地赋予其商业经营功能，把这片反映了上海历史和文化的老房子改造成餐饮、购物、演艺等功能的时尚、休闲文化娱乐中心。漫步新天地，仿佛时光倒流，有如置身于 20 世纪 20～30 年代的上海，但一步跨进每个建筑内部，则非常现代和时尚，亲身体会新天地独特的理念，这有机的组合与错落有致地巧妙安排形成了一首上海昨天、今天、明天的交响乐，让海内外游客品味独特的文化。

图 12-54

图 12-55

这种复建方式的保护措施是以修缮和修复为主，即不改变其外部历史风貌，对其内部结构、空间布局、内部设施和使用功能做出的调整和变动，以达到可持续利用的目的，同时引用市场机制解决历史建筑的保护及置换，探索出适用于历史建筑的保护新路径。

综上，历史建筑环境更新都不再停留于物质空间层面上简单的美化、重建，而是与城市的总体设计定位联结起来，进一步延伸建筑及城市功能更新，挖掘出城市的历史和文化价值。同样，当前城市建设的主要目标转向城市更新，通过城市更新完善地区功能，增加地区公共服务设施，增加公共空间和提升环境品质，加强历史地区、历史建筑和历史风貌道路的保护。如纽约高线公园、伦敦金丝雀码头、东京六本木新城以及北京的 798 艺术区都是城市更新的典范作品。（图 12-54～图 12-69）

总体来看，新建建筑及环境的意义包括历史意义的延续和现代意义的建立。首先，是历史意义的延续，历史建筑所构成的历史环境，其实就是文化记忆最重要的空间载体和心理坐标。历史

图 12-56　　　　　　　　　　　　图 12-57　　　　　　　　　　　图 12-58

图 12-59　　　　　　　　　　　　　　　　　图 12-60

图 12-61

图 12-62

图 12-63   图 12-64

图 12-65

图 12-66　　　　　　　　　　　　　　　　　　　　　图 12-67

图 12-68（左）
图 12-69（右）

建筑能够唤起记忆，尽管许多历史建筑已经随岁月老去，但它们仍然是历史文化记忆承载者，仍然可以延续其生命。让这些历史建筑所传递的精神继续延续在新的建构环境中，成为"活着的"历史。黑川纪章在曾在《意义的生成》中阐明，意义的产生并不是通过一些既定的制度而实现的，它是在建立联系的过程。在历史建筑中要保留和强化特定价值的信息内容，方法既可以利用新扩建部分突出强化历史建筑本身，包括突出既有建筑构筑特色和场所氛围，还可以在新增建构中体现历史建筑相关信息与历史建筑相容共生。还有就是新增建构上通过象征隐喻的途径来解读历史建筑的意义，包括对历史建筑的比例尺度、风格符号、体量乃至场所精神等整体形象要素的理解和感受。建筑及其环境设计的过程始终伴随着空间塑造的过程，历史与现实环境是建筑及环境设计的出发点与回归点。我们思考建筑，更是要以环境的观点从整体角度来进行，建筑是环境空间构成中的有机组成部分，建筑的形态与空间脱离了与其所处环境的关联性和整合性，也就失去了意义。为此我们创造空间形态美的同时，要努力从整体环境出发，从自然条件及场地环境等方面综合考虑，依据地域环境、尊重传统文脉等诸多因素，选择环境建筑塑造的定位和走向，使建筑成为环境中不可分割的一部分。

党的十九大报告中指出：文化继承创新要不忘本来，吸收外来，面向未来。习近平总书记曾指出："历史文化是城市灵魂，要像爱惜自己的生命一样保护好城市历史文化遗产。"因此，城市更新设计一定要以创新、协调、绿色、开放、共享为理念，坚持善待每一块土地，尊重城市文化肌理，在保护中更新，于传承中复兴。

城市更新的目标是实现城市未来的发展，是城市的理想、审美和价值的体现。因此城市也就始终处于不断更新的过程中，城市更新是动态的，既涉及城市结构、建筑环境和道路的物质性更新，也涉及思想、生活方式、城市治理模式的非物质性的更新。城市更新要求设计师找到城市的根脉、建筑的本质与场所的关系，解构、重组和优化。由于城市设计以满足城市居民生理、心理要求为出发点，以提高城市生活质量为最终目的，所以要对城市地标、人行开放系统、沿街立面、建筑高度、底界面等城市要素进行系统设计。所以城市更新要站到较高的起点上，不再是简单的建筑单体保护，而是系统整体保护与再生，注重整体的协调。同时，要以城市设计准则来约束环境协调区建筑活动，使之与严格控制区内的文物古迹相协调，并对新建建筑的高度、体量、结构、韵律、色彩、风格和使用性质等加以控制。还要以城市设计宏观调节旧街区的公共设施建设，使之满足现代生活需要，增强旧区发展动能。

更多城市环境设计案例，请扫描二维码阅读。

主要参考书目及图片来源

[1] 刘永德，三村翰弘，川西利昌，宇杉和夫 . 建筑外环境设计 [M]. 北京：中国建筑工业出版社，1996.

[2] 齐伟民 . 人工环境设计史纲 [M]. 北京：中国建筑工业出版社，2007.

[3] 杨小军，蔡晓霞 . 空间设施要素 [M]. 北京：中国建筑工业出版社，2005.

[4] 王中 . 公共艺术概论 [M]. 北京：北京大学出版社，2007.

[5] 翁剑青 . 公共艺术的观念与取向 [M]. 北京：北京大学出版社，2002.

[6] 诸葛雨阳 . 公共艺术设计 [M]. 北京：中国电力出版社，2007.

[7] 陈慎任 . 设计形态语义学 [M]. 北京：化学工业出版社，2005.

[8] 杨平 . 环境美学的谱系 [M]. 南京：南京出版社，2007.

[9] 程大锦 . 建筑：形式、空间和秩序 [M]. 刘丛红，译 . 天津：天津大学出版社，2005.

[10] 叶铮 . 室内设计纲要 [M]. 北京：中国建筑工业出版社，2010.

[11] 李砚祖 . 环境艺术设计的新视界 [M]. 北京：中国人民大学出版社，2002.

[12] 王受之 . 世界现代建筑史 [M]. 北京：中国建筑工业出版社，1999 .

[13] 王琼 . 酒店设计方法与手稿 [M]. 沈阳：辽宁科学技术出版社，2007.

[14] 罗文媛，赵明耀 . 建筑形式语言 [M]. 北京：中国建筑工业出版社，2001.

[15] 顾大庆，柏庭卫 . 空间、建构与设计 [M]. 北京：中国建筑工业出版社，2011.

[16] 张绮曼，郑曙旸 . 室内设计资料集 [M]. 北京：中国建筑工业出版社，1991.

[17] 边颖 . 建筑外立面设计 [M]. 北京：机械工业出版社，2012.

[18] 褚智勇 . 建筑设计的材料语言 [M]. 南宁：广西人民美术出版社，2008.

[19] 杨晓 . 建筑化的当代公共艺术 [M]. 北京：中国电力出版社，2008.

[20] 盖尔·格里特·汉娜 . 设计元素 [M]. 李乐山，韩琦，陈仲华，译 . 北京：知识产权出版社、中国水利水电出版社，2003.

[21] 凯瑟琳·斯莱塞 . 地域风格建筑 [M]. 彭信苍，译 . 南京：东南大学出版社，2001.

[22] 城户一夫 . 世界遗产图鉴 [M]. 上海：上海人民出版社，2001.

[23] 马尔科·卡塔尼奥，亚斯米娜·特里福尼 . 艺术的殿堂 [M]. 济南：山东教育出版社，2004.

[24] 伊丽莎白·史密斯 . 新高技派建筑 [M]. 陈珍诚，译 . 南京：东南大学出版社，2001.

[25] 尼古拉斯·佩夫斯纳 . 现代建筑与设计的源泉 [M]. 殷凌云，等译 . 上海：三联书店，2001.

[26] 帕高·阿森西奥 . 生态建筑 [M]. 侯正华，宋晔皓，译 . 南京：江苏科学技术出版社，2001.

[27] 布赖恩·爱德华兹 . 可持续性建筑 [M]. 周玉鹏，宋晔皓，译 . 北京：中国建筑工业出版社，2003.

[28] 罗杰·斯克鲁顿.建筑美学 [M].刘先觉,译.北京:中国建筑工业出版社,2003.

[29] 蒂姆·沃特曼.景观设计基础 [M].肖彦,译.大连:大连理工大学出版社,2010.

[30] 雷根·舒尔茨,马蒂亚斯·赛德尔.埃及——法老的世界 [M].北京:中国铁道出版社,2012.

[31] 罗尔夫·托曼.罗马风格——建筑,雕塑,绘画 [M].北京:中国铁道出版社,2012.

[32] 罗尔夫·托曼.哥特风格——建筑,雕塑,绘画 [M].北京:中国铁道出版社,2012.

[33] 马丁·坎普.牛津西方艺术史 [M].余君珉,译.北京:外语教学与研究出版社,2009.

[34] 迪鲁·A·塔塔尼.城和市的语言:城市规划图解辞典 [M].李文杰,译.北京:电子工业出版社,2012.

[35] 皮耶·冯麦斯.建筑的元素 [M].吴莉君,译.台北:原点出版社,2017.

[36] 格兰特·W·里德.园林景观设计从概念到形式 [M].陈建业,赵寅,译.北京:中国建筑工业出版社,2009.

[37] 伯纳德·卢本,等.设计与分析 [M].林尹星,薛皓东,译.天津:天津大学出版社,2003.

[38] 彼得·埃森曼.图解日志 [M].陈欣欣,何捷,译.北京:中国建筑工业出版社,2005.

[39] 克瑞斯·范·乌菲伦.景观建筑设计资料集 [M].刘晖,梁励韵,译.北京:中国建筑工业出版社,2010.

[40] 余道人.建筑绘画——绘图类型与方法图解 [M].陆卫东,汪翎,等译.2 版.北京:中国建筑工业出版社,2004.

[41] 布昂德,玛尔代拉.传统与现代——意大利在建筑和城市修复中的经验 [M].南京博物院,译.南京:东南大学出版社,2007.

[42] 凯瑟琳·布尔.历史与现代的对话——当代澳大利亚景观设计 [M].倪琪,陈敏红,译.北京:中国建筑工业出版社,2003.

[43] 法国 DBLANT 都林国际设计.理性的设计—感性的空间 [M].北京:中国电力出版社,2009.

[44] Horst De La Croix, Richard G. Tansey, Diane Kirkpatrick. Art——through the ages[M]. 1989.

[45] Marilyn Stokstad. Art History[M]. Prentice—Hail, Inc. 2002.

[46] Wayne Craven.American Art[M]. Trade edition distributed by Harry N. Abrams.Inc., New York, 1993.

[47] Nancy H. Ramage, Andrew Ramage. ROMAN ART[M]. Prentice Hall. Upper Saddle River, 1994.

[48] Henry M.Sayre.A World of Ary[M]. Prentice Hall. Upper Saddle River, 1992.

[49] Duane Preble, Sarah Preble, Patrick Frank.ART FORMS[M]. Prentice Hall, 1999.

[50] Robert Cameron. ABOVE WASHINGTON[M]. San Francisco:Cameron and Company, 1995.

[51] John Kissick. Art Context And Criticism[M]. 1992.

[52] Emilio Pizzi. Mario Botta[M]. Gustavo, 1988.

[53]《PA》APenton Publication, 1990.

[54]《PA》APenton Publication, 1991.

[55] High–Lights Architecture [M]. Shanglin Edition, 2011.

[56] Way of the Sign IIIVOL.1[M]. ARTPOWER, 2011.

[57] Edward Hutchison.Drawing for Landscape Architecture:Sketch to Screen to site[M]. Thames Hudson, 2011.

[58] SHOW TIME:EXHIBTION AND STAGE DESIGN[M]. Sendpoints, 2012.

[59] Frank Goerhardt. Domus Monthly Magazine of Architecture Desing Art[M]. Taschen，2006.

[60] Wijnegem，Antwerpen，Belgium. Kanaal[J]. Architecture and Urbanism，2019.

[61] Editors of Phaidon Press. 10 X 10 _ 2 100 Architects 10 Critics[M]. Phaidon Press，2008.

[62] Philip Jodidio. Architecture Now! 7[M]. Taschen，2010.

[63] Jacky Liu Zhanhui. ARCHITECTURAL MODEL 建筑模型—从概念到演示[M]. A & J International Design Media Limited，2010.

[64] Norman Foster. THE MASTER ARCHITECT SERIES II Norman Foster[M]. Images Publishing，1997.

[65] Braun Publishing. 1000x european architecture[M]. Braun，2011.

[66] Phaidon Press. 10x10/3：100 Architects 10 Critics[M]. Phaidon Press，2009.

[67] Phaidon Press. 100 Great Extensions & Renovations[M]. Antique Collectors Club Ltd，2007.

[68] 亚洲艺术与设计协作联盟. 建筑手册设计·概念·脚本·过程. 武汉：华中科技大学出版社，2010.

[69] 王向荣，林箐，蒙小英. 北欧国家的现代景观[M]. 北京：中国建筑工业出版社，2007.

[70] 章俊华. 日本景观设计师佐佐木叶二[M]. 北京：中国建筑工业出版社，2002.

[71] 凤凰空间·北京. 创意分析—图解建筑[M]. 北京：江苏人民出版社，2012.

[72] 尼尔·林奇，徐卫国. 涌现·青年建筑师作品[M]. 北京：中国建筑工业出版社，2006.

[73] Yukio Ota.Best Sign Collection VOL.2[M]. KBS，2005.

[74] 香港日瀚国际文化传播有限公司. 景观 X 档案：中国公共景观[M]. 武汉：华中科技大学出版社，2008.

[75] N+B Architects. 埃罗谷公共社区[J]. 孙为，译. 景观设计师，2013.

[76] Sasaki Associates. 欧几里得大道公交快速车道走廊[J]. 杨柳，译. 景观设计师，2013.

[77] OKRA 事务所. 荷兰新水防线—Honswijk 堡上的社区公路[J]. 孙为，译. 景观设计师，2013.

[78] Cino Zucchi. 卢加诺城的环境雕塑[J]. 张晶，译. 景观设计，2013.

[79] HASSELL 设计集团，澳大利亚海港家庭与儿童中心，景观设计事务所. 高线公园[J].LA 景观设计学，2009.

[80] Kevin Shanley. 书牛河步行道[J].LA 景观设计学，2009.

[81] John Loomis. 加州科学院[J].LA 景观设计学，2009.

[82] Serge Salat. 城市与形态：关于可持续城市化的研究[M]. 香港：香港国际文化出版有限公司，2013.

[83] Think Archit 工作室. 国际创意景观风格与功能[M]. 武汉：华中科技大学出版社，2012.

[84] 阮海洪. 国际新景观设计年鉴 08/09[M]. 武汉：华中科技大学出版社，2009.

[85] 孙旭阳，刘坤 .TOP ONE 景观[M]. 武汉：华中科技大学出版社，2012.

[86] 成玉宁. 场所景观：成玉宁景园作品选[M]. 北京：中国建筑工业出版社，2015.

[87] 高迪国际出版社有限公司. 办公商业景观[M]. 张秋楠，张春艳，杨丽梅，译. 大连：大连理工大学出版社，2013.

[88] 《国际新景观》杂志社. 景观公共艺术[M]. 武汉：华中科技大学出版社，2007.

图书在版编目（CIP）数据

城市环境设计概论 / 齐伟民，王晓辉编著 . — 北京：中国建筑工业出版社，2020.4（2024.6重印）

"十二五"普通高等教育本科国家级规划教材

ISBN 978-7-112-24979-4

Ⅰ . ①城…　Ⅱ . ①齐…②王…　Ⅲ . ①城市环境—环境设计—概论—高等学校—教材　Ⅳ . ① TU-856

中国版本图书馆 CIP 数据核字（2020）第 045948 号

　　本教材为"十二五"普通高等教育本科国家级规划教材。本书包括环境设计综述、环境设计的发展历程、环境设计的基本理论与设计原则等内容，并从"城市"的视角介绍了步行空间环境设计、街道空间环境设计、广场空间环境设计、庭园空间环境设计、环境设施设计、建筑室内环境设计、环境设计材料及应用、环境公共艺术创作、历史建筑环境保护与更新，内容系统，案例丰富。

　　为更好地支持本课程的教学，我们向使用本书的教师免费提供教学课件，有需要者请与出版社联系，邮箱：jgcabpbeijing@163.com。

责任编辑：高延伟　杨　虹　尤凯曦
书籍设计：康　羽
责任校对：焦　乐

"十二五"普通高等教育本科国家级规划教材

城市环境设计概论

齐伟民　王晓辉　编著

*

中国建筑工业出版社出版、发行（北京海淀三里河路9号）

各地新华书店、建筑书店经销

北京雅盈中佳图文设计公司制版

天津裕同印刷有限公司印刷

*

开本：787毫米 ×1092毫米　1/16　印张：21¼　字数：461千字

2020年10月第一版　2024年6月第三次印刷

定价：**108.00**元（赠教学课件）

ISBN 978-7-112-24979-4

（35735）